大都會文化
METROPOLITAN CULTURE

大都會文化
METROPOLITAN CULTURE

老闆不會告訴你的事

—有機會成為CEO的員工，這8種除外！

序言
做自己的「伯樂」

「不想當將軍的士兵不是好士兵」，拿破崙的這句名言充分透露出了一個精明上司選拔人才的戰略眼光，同時也道出了為人下屬者應該努力的方向。芸芸眾生，有誰不想脫穎而出，獲得晉升？雖然沒有「一人得道，雞犬升天」那麼玄妙，但晉升無疑是一條通向成功的捷徑。晉升不僅意味著你的帳戶上每月將增添幾張鈔票，更代表著你的價值得到了老闆或上司的肯定。按照馬斯洛的需要層次論，自我價值的實現便是一個人最高的追求。所以，對於大多數人來說，晉升本身就是一種成功。至於那些好高騖遠而不踏實工作的員工，不妨想一想，當今馳騁商場的成功人士，有幾個不是從「士兵」中成長起來的？

當然，晉升之路並不是暢通無阻，否則也就不會有那麼多的職場人士大嘆「馮唐易老，李廣難封」，甚至為此勾心鬥角，煞費苦心了。其實，「能者就列，不能者止」，這是亙古不變的真理。能不能得到晉升，準繩不僅握在老闆和上司的手中，而且大部分是握在自己的手中。老闆和上司追求的首先是公司的利益，所以，他們永遠提拔對公司有益的員工；不能晉升的員工，除非真正地遭受排擠，否則必定有其自身的缺點。總結起來，不能晉升的員工有以下八種：

第一種員工，態度消極，做一天和尚撞一天鐘。這種員工目光永遠停留在現在的目標上，不注重學習，沒有危機感，缺乏自我約束能力，沒有做好工作的強烈欲望，甚至輕視自己的工作。既然自己不求上進，老闆和上司也就讓他繼續「撞鐘」，待連鐘都不想撞時，也就到他丟掉「飯缽」的時候了。

第二種員工，能力低下，不懂創新。業務不精、表現平庸，一瓶不滿、半瓶晃蕩，人云亦云、毫無主見，缺乏適應能力，提不出自己的創意，不能為老闆想辦法，自我設限，是這種員工的共同缺點，也是他們不能得到晉升的關鍵因素。

第三種員工，違反辦公室遊戲規則。他們處處表現自己，不知進退，經常諷刺別人，忌妒別人的成績，計較「雞毛蒜皮」，大搞辦公室戀情，甚至充當老闆肚裡的蛔蟲。結果，老闆和上司只能按規則出牌，於是這種人不是眼睜睜看著同事晉升，就是在被淘汰出局後黯然傷神。

第四種員工，品德低劣，搬弄是非。他們熱衷於打小報告，暗中陷害他人，誹謗公司或同事，沒有信譽，洩露公司秘密，欺上瞞下，拉幫結派，壓制新同事；辦公室被這種人搞得烏煙瘴氣。但凡開明的老闆和上司，無不欲除之而後快。晉升的路上，當然不會有這種害群之馬的立足之地。

第五種員工，不把上司放在眼裡。直接頂撞上司是他們的「性格」，不服從上司的決定是他們的家常便飯，他們經常超越自己的許可權，伺機還要耍弄上司，妄圖取而代之。上司的胸懷再寬闊，也不能將一顆定時炸彈安放在自己身邊，這種人得不到晉升，也是理所當然的了。

第六種員工，找藉口推卸責任。這種人不肯承認錯誤，不敢承擔責任，遇事互相推諉，找藉口已成為一種習慣。沒有哪一個老闆和上司願意提拔缺乏責任心的員工，就像沒有哪一個員工願意為不負責任的老闆和上司效力一樣，所以，這種員工也難以站到晉升者的行列中去。

第七種員工，浪費時間與財物。時間觀念淡薄，不會控制成本，不注重減少開支，沒有日常節儉的習慣……老闆的金錢不是西北風吹來的，絕不會在利益遭受損失時睜一隻眼閉一隻眼。浪費公司財物的員工，憑什麼贏得老闆和上司的青睞？

第八種員工，缺乏團隊精神。不能有效溝通，生活在「套子」之中，剛愎自用、目空四海，不關心集體利益，沒有團隊意識。這種人早已為崇尚團隊精神的現代企業所不齒，又有哪一個老闆和上司會提拔他們呢？

晉升必有原因，淘汰亦非偶然。作為老闆和上司，打開此書，你定會從中領悟到用人之道，從而在良莠不齊的員工中找到「千里馬」；作為員工，讀罷此書，你也可以掌握晉升的秘訣，走出「得不到主管重視」的迷思，找到自己一生中的「伯樂」，實現自己的人生價值。

序言　做自己的「伯樂」　5
第1種員工　做誰的和尚就撞誰的鐘　13
一個不忠誠於統帥的士兵　14
沒有遠大目標　16
沒有成功的欲望　19
懶惰的惡習　22
不注重學習　26
沒有危機感　29
自己管不住自己　31
不相信自己　34
討厭自己的職業　38
對待工作不夠熱忱　41
為老闆而工作　46
為公司而工作　49
為薪水而工作　52

第2種員工　自甘墮落，拒絕創新　55

業務不精，表現平庸　56
一瓶不滿，半瓶晃蕩　59
對待工作馬馬虎虎　61
像毛毛蟲一樣工作著　65
只會動嘴的人　67
缺乏適應能力　70
提不出自己的創意　72
不能為老闆想辦法　77
自我設限的「爬蚤」　79

第3種員工　違背職場遊戲規則　83

愛出風頭　84
渙散無紀律性　88
怨天尤人，滿腹牢騷　92
不知進退，無法控制情緒　95
過分逢迎諂媚　99

以諷刺別人為樂 102
喜歡忌妒別人 106
不放過「雞毛蒜皮」 109
大談辦公室戀情 113
充當老闆肚裡的蛔蟲 115
讓上司看不順眼 119

第4種員工　品德低劣，搬弄是非 125

熱衷於打小報告 126
暗中陷害他人 131
誹謗公司或同事 135
無信譽可談 138
洩漏公司秘密 142
欺上瞞下 145
揭露別人的隱私 147
拉幫結派 151
壓制新同事的員工 154

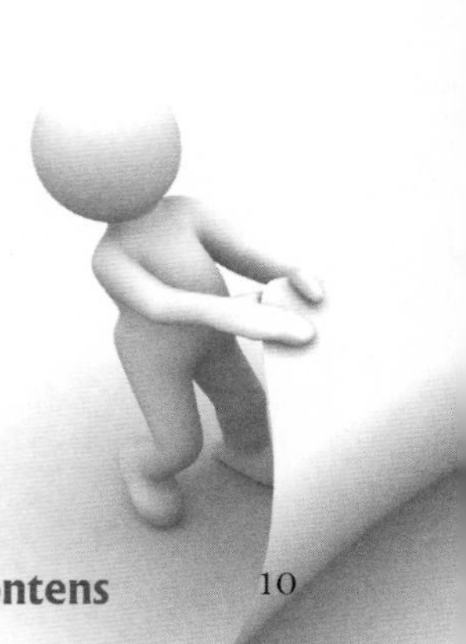

第5種員工　眼裡沒有上司　157

直接頂撞上司　158
沒有感恩之心　162
喜歡越權　166
不服從上司的決定　169
戲弄上司　174
等待上司來「請教」　178
妄圖取代上司　181

第6種員工　永遠都在找藉口　185

逃避錯誤　186
不敢承擔責任　189
互相推諉　192
把找藉口當成習慣　197

第7種員工　不珍惜時間與財物　201

時間觀念淡薄　202
不會控制成本　205
不注重減少開支　208
缺少日常節儉的習慣　211
讓時間白白流走　213

第8種員工　缺乏團隊精神　217

不會和他人有效溝通　218
「套子」裡的人　221
只做分內的工作　225
剛愎自用，目空四海　228
喜歡單槍匹馬　231
不關心集體利益　235
缺乏團隊精神　237

第1種員工

做誰的和尚就撞誰的鐘

NO!

做誰的和尚就撞誰的鐘

自甘墮落，拒絕創新

違背職場遊戲規則

品德低劣，搬弄是非

眼裡沒有上司

永遠都在找藉口

不珍惜時間與財物

缺乏團隊精神

一個不忠誠於統帥的士兵

一個不忠誠的士兵若是在戰場上遇到困難，會違背統帥的指揮而獨立行動。同樣，如果員工對企業不忠誠，就會處處為自己的利益著想而不顧企業的整體利益。對企業或公司不忠誠的員工，通常表現如下：遇到困難往後退，犯了錯誤不承認，看見便宜就想撿，別人晉升就眼紅，一天到晚想跳槽……

試想一下，假如公司裡的多數員工都是騎驢找馬的不忠誠者，公司還會有發展壯大的可能嗎？老闆不是傻子，他們拔擢員工的第一個重要標準，就是忠誠與否。一個不忠誠的員工，是不可能得到提拔的。

李國華在一家大公司任職，他能說會道，才華出眾，很快就被提拔為技術部經理。他也自認為，有更好的前途正在等著他。

有一天，一位外商請李國華喝酒。席間，外商說：「最近我們公司和你們公司正在談一個專案，如果你能把手邊的技術資料提供一份給我，將使我們公司在談判中佔據優勢。」

「什麼，你是說，要我做洩漏機密的事？」李國華皺著眉說。

外商小聲道：「這件事只有你知我知，不會影響你。」說著，將五萬美元的支票遞給李國華，李國華心動了。

結果，這場談判李國華的公司損失慘重。事後，公司查明真相，不僅辭退了李國華，而且還將他送上法庭。

真是賠了夫人又折兵，本可大展鴻圖的李國華不但失去了工作，還面臨著官司纏身的窘況。再說，對於這樣的人，以後還有哪個公司敢聘請他呢？

事實就是這樣，在晉升之路上，往往一念之差就可能導致滿盤皆輸。對於一個缺乏誠信的員工，老闆自有他處理的辦法。

任何公司或企業都會要求員工盡最大的努力投入到工作中去創造效益。其實，這不僅是一種行為準則，更是每個員工應具備的道德。

一個員工，如果對自己的公司沒有忠誠之心，就不會全心投入工作，當然也不會自覺地維護公司的利益，時刻為公司著想。同時，員工與公司之間的「不忠誠」是互相的，你對公司不忠誠，公司同樣也會對你不忠誠。既忠誠又有能力的員工，才是老闆喜歡的人，不管到哪裡都能找到自己的位置；而三心二意，計較個人得失的員工，就算能力無人能及，老闆也不會委以重任的。

職場新貴致勝心法

現實中，很多人工作一有瓶頸就跳槽，人際關係遭遇挫折也跳槽，看到別家公司薪資高更要跳槽，甚至沒有任何原因也跳槽。在這些人的眼裡，下一個工作必定比現在的好，一切問題都能以跳槽的方式解決。某些人甚至將跳槽看成是一種時尚和追求，美其名曰「體驗生活」。而同時，企業經營者也看到了，這種以跳槽為樂的員工，缺乏對公司的忠心，對人沒耐心，做事沒毅力，碰到困難就退縮，遇到麻煩繞開走。這樣的員工如何能為公司創造效益呢？

沒有遠大目標

在職場中，那些沒有目標的員工，往往對工作成效漠不關心，從而使工作變得乏味，生活沒有意義。而目標短淺的員工，在實現目標之後則是無所事事。對於一個人來說，如果你只是隨波逐流或只求簡單輕鬆的工作，缺乏長遠的目標與願景，工作也會變得沒有效率，未來沒有發展。你今天所忽視的必然會對你的明天造成影響。

在企業裡，對於那些沒有遠大目標，一直原地踏步的員工，老闆也將任他們永遠停在原地。

有一年，一群意氣風發的天之驕子從美國哈佛大學畢業了，他們即將開始「穿越各自的玉米地」展開職涯。他們的智力、學歷、環境條件都相差無幾。臨出校門，哈佛對他們進行了一次關於人生目標的調查。結果是這樣的：

二十七%的人，沒有目標。

六十%的人，目標模糊。

十%的人，有清晰但比較短期的目標。

三%的人，有清晰而長遠的目標。

之後的二十五年，他們一一穿越玉米地。

二十五年後，哈佛再次對這群學生進行了追蹤調查。結果是這樣的：

三%有清晰而長遠目標的人，二十五年間他們朝著一個方向不懈努力，幾乎都成為社會各界的成功之士，其中不乏行業領袖、社會精英。

十%有清晰但比較短期的目標的人，他們的短期目標不斷實現，成為各個領域中的專業人士，大都生活在社會的中上層。

六十%目標模糊的人，他們安穩地生活與工作，但都沒有什麼特別的成績，分布在社會的中下層。

剩下的二十七%沒有目標的人，他們的生活沒有目標，過得很不如意，並且常常陷在自怨自艾中，埋怨他人、抱怨社會、抱怨這個「不肯給他們機會」的世界。

其實，他們之間的差別僅僅在於二十五年前，他們中的一些人知道未來要什麼，而另外一些人則不清楚或不很清楚。

一個員工雖然永遠不可能達到完美無缺，但是在不斷追求新目標的時候，他的力量和自我要求會越來越高，其人生價值也就會隨之提升。這正是老闆們青睞「自動自發」的員工的主要原因——能創造更高的效益。

員工必須樹立終身學習的觀念。既要學習專業知識，也要不斷拓寬自己的其他層面，一些看似無關的知識往往會對未來發展發揮巨大作用。那些沒有使命感和遠大目標的人非常容易滿足，只要每月拿到應得的薪資、不被老闆解雇，就萬事大吉，一切順其自然，根本不會想到繼續深造和學習，這樣的員工也不會有向上晉升的機會。

職場新貴致勝心法

要想成為一名卓越的員工，實現了現在的目標之後，就要立定更高的目標，並再次去實現它。被遠大目標所驅使的人，必然會成就職涯上的輝煌。至於沒有遠大目標的人，最終只能在成功和榮譽的門外徘徊。

沒有成功的欲望

如果一個人沒有強烈的成功欲望，就感覺不到自己無窮的潛能。許多人都有一項毛病，就是自認為在某一方面不具才能，於是放棄去努力。然而優秀的員工，也許起先表現平平、甚至落後，但因著強烈的成功欲望，急起直追，不斷得到晉升。

對於公司的員工來說，沒有什麼比擁有成功的欲望更能幫助他在職涯中獲致成功了，老闆並不會因為他「想要成為將軍」而拒絕或冷淡他。只有那些不求上進的下屬，才是令老闆們最反感的。

楊浩天和李明傑同時進入一家開發、銷售電子產品的公司。楊浩天是一所科技大學的畢業生，學歷是科班；李明傑學的是貿易專業，學歷是專科。兩年後，李明傑升為業務部經理，楊浩天卻仍然是一名普通員工。

在尾牙宴席上，一位資深員工小聲問身邊的總經理：「楊浩天是科班畢業，所學專業又與我們的產品吻合，你為什麼提拔了李明傑而不提拔他？」

總經理微微一笑：「雖然李明傑的學歷沒有楊浩天好，但他身上有一股強烈的成功欲望。無論交給他什麼任務，總是盡力做得十全十美。」

是的，一個對成功沒有欲望的員工，只求能保住現在的飯碗，不想追尋工作和人生意義。這樣的員工忽略了一個真理，那就是不敢挑戰自我、不敢接受新任務，只做自己力所能及的事情，他的一生也將停留在職場底層。

「不論耗費自己多少精力與時間，都是值得的。」優秀的員工都會這麼說，因為每天工作所帶來的成就感與滿足感是金錢無法買到的無價之寶。那種「做好工作的強烈願望」實現後的喜悅，是做一天和尚撞一天鐘的員工永遠也領略不到的。

也許有人要問，我也有想做好工作的願望，甚至於想要晉升，想要取得巨大的成就，但為什麼還是一無所獲呢？這是因為他們沒有分清「願望」與「欲望」的區別。「願望」與「欲望」到底差別何在呢？程度上有所不同。「願望」是營養不足的「欲望」，是懦弱者的專利，光有「願望」仍然成不了大事。而「欲望」則是強烈的願望，它能啟動潛意識裡的巨大能量，幫助我們獲得成功。

如果模糊微弱的「願望」轉變成清晰強烈的「欲望」，心中便會萌生一種力量驅使自己向前推進。思想能控制行動，懂得控制自己的思想，便可以產生做好工作，乃至成就事業的欲望，並推動你走向成功。

將「願望」轉變成「欲望」是一門學問，要想夢想成真，必須有所行動。

首先，將接下來一段時間內想做的事情或想要達成的事物全部條列出來，盡量全面地記錄在白紙之上。

其次，刪去那些不可能實現的幻想，保留那些在一段時間內能實現的事項。

需要注意的是，列這張表時，心中必須先有明確的概念，深知自己所追求的究竟是什麼。想清楚之後，依照欲望強度大小決定各事項的順序。而在決定順序的過程中，便會自然而然地發現最適合自己的方向及所謂的「第一欲望」。而且，在工作中，員工必須明確地知道，若是沒有做好工作的強烈欲望，就不可能得到老闆的欣賞，當然也不會獲得晉升的機會。實際上，這也是一種十分有效的心理暗示，它強調的是意識對行動的指導和支配作用。

職場新貴致勝心法

不管是在職場或人生旅途中，成功的欲望都是必不可少的。如果沒有這種欲望，就沒有目標和動力。從本質上講，擁有做好工作的強烈欲望，就是對工作負責，是一種視工作為使命的敬業精神。不論是對企業、老闆或個人來說，若是目標和動力都沒有，怎麼可能激盪出輝煌的果實呢？

懶惰的惡習

懶惰的員工都有一個重要特徵，那就是拖拖拉拉。總有一些員工，其實並不忙，卻喜歡拖延，即使是想到的事，也懶得立刻動手。前天該完成的事情拖延到後天，這是一種不可救藥的工作習慣。對一位渴望成功的員工來說，拖延是最具破壞性，也最危險的惡習，它使人錯失許多好時機，更使人喪失進取心。而且一旦開始遇事推拖，就很容易形成慣性，直到變成一種根深蒂固的習慣。這樣的員工，怎能得到上司賞識？

在一家大型企業，有一位頗具才華的技術科長，他畢業於知名大學，人品也相當好，只是遇事不果斷，愛推拖。二十世紀八〇年代初期，公司正在調整幹部政策，知識分子受到普遍重用。不要說他的才華，就是那一張大學科班文憑，也是上級人事部門注意的「重點對象」。果然，不久後，他就被推薦為廠長級後備幹部。

可是，這位科長卻有懶惰的毛病，一聽要當「官」，頓時直搖頭，生怕當幹部後沒完沒了的行政瑣事影響他的正常生活；而且，他書生味十足，誤以為當今乃技術治國的時代，當不當官無所謂。

上級主管幾次找他談話，暗示要重用他。他個人卻表現不佳，態度不積極，工作上又沒有主動求表現，結果，部門主管只好把他們科內專科畢業的副科長送到國外「深造」培訓。兩年後，這位副科長被提拔為副廠長，不久又被提拔為廠長。後來成了聞名全國的企業家，而當年那位技術科長，行政職務仍然是科長，再也沒有晉升的機會了。

正所謂：「天上掉烏紗也要伸出頭去才能接住。」一個具有懶惰惡習的員工，即使有再好的晉升機會擺在他面前，最終還是會錯失。

再者，最令老闆無法接受的是，習慣性的拖延者通常也是製造藉口與託辭的專家。這種員工一旦存心拖延逃避，就能找出成千上萬個理由來辯解為什麼事情無法完成，而對事情應該完成的理由卻想得少之又少。因為把「事情太困難、太昂貴、太花時間」等種種理由合理化，要比產生「只要我們更努力、更聰明、信心更強就能完成任何事」的念頭容易得多。

拖延有時候也是由於考慮過多、猶豫不決造成的。不可否認，適當的謹慎是必要的，但過於謹慎則會導致優柔寡斷，何況諸如早上起床這樣的事有必要做出任何考慮嗎？

如果希望自己能夠得到晉升，那麼就必須想盡一切辦法制止拖延，在知道要做一件事的同時，立即動手，絕不給自己留一秒鐘偷懶的餘地，千萬不能讓惰性占據自己的靈魂，因為對付惰性的最好辦法就是根本不讓惰性出現。

往往在事情的開端，總是先產生積極的想法，然後，當頭腦中冒出「我是不是可以……」這樣的問題時，惰性就出現了，並且開始一點一點地撞擊積極想法，如果還不採取行動，最終只能是徹底地懶惰和無所行動。

所以，要在積極的想法一出現時，就馬上行動，使惰性沒有乘虛而入的可能。

同時，想克服懶惰的習慣，請先從自己的辦公桌開始：

該丟掉的就丟掉

堆積如山的檔案資料，回不完的傳真和便條紙，加上杯子、電話、裝飾品、桌曆……你是否終日淹沒在辦公桌的混亂中理不出頭緒？該是清場使工作條理分明的時候了！否則，這種凌亂不堪的場面如果落在上司的眼中，可能認為你的工作效率會受到影響。

清除沒用的餐具

在辦公室裡用餐，一次性餐具最好立刻扔掉，不要長時間擺在桌子或茶几上。如果突然有事情耽擱了，也記得禮貌地請同事代勞。老闆可不願讓辦公室成為餐廳。

收拾好還沒看的報章雜誌

養成隨手把你想看的文章剪下來貼到剪貼簿的習慣，不然乾脆將雜誌丟掉，因為擺得過久也不可能再查閱了。

扔掉過多而無用的筆

你可能在桌上、抽屜裡放了一堆鉛筆、原子筆、螢光筆……留下幾支你常用的，辦公桌看起來會清爽一點！

整理好不斷暴增的名片

把用得到的名片資料輸入電腦或PDA，然後扔掉這些占空間的紙卡，以後只要指尖輕輕一點，就可以馬上找到想要聯絡的人，這會省下不少寶貴的時間。老闆自然也會看在眼裡，記在心裡的。

清理眼花繚亂的裝飾品

滿桌子的相框、玩偶、擺飾，不只製造混亂景象，還會分散你的注意力，使你無法專心工作。留下一兩樣具有紀念價值的東西就好，你會發現你不再老覺得眼花繚亂！

「一屋不掃，何以掃天下」，如果不想讓自己在老闆的眼裡成為一個懶惰得「一屋不掃」的員工，那麼，就請趕快收拾你的辦公桌吧！

職場新貴致勝心法

懶惰的員工最大的問題出在其心態上，一旦心理上產生了惰性，那麼，不論做什麼事情，腦子裡冒出的第一個念頭就是「等一下！」這樣的員工，永遠也不會得到老闆的真正賞識。

不注重學習

是否注重學習已經成為判斷員工在職場中有沒有競爭力的重要指標，不注重學習（或不會學習）的人只會因為其知識的老化而逐漸被淘汰。兩個學歷相當的大學生，五年後注重學習與不注重學習的人必定會有很大的差距。

曾在某大型企業擔任業務經理的老宋，三年來一直忙於日常事務，在「迎來送往、燈紅酒綠」中翻過了日曆。有一天，他的下屬自我進修拿到了碩士文憑，學歷高過他，能力比他強，經驗也在數年的商戰中獲得了積累，羽翼日漸豐滿，銷售業績驚人，最終贏得總裁青睞，被委以經理重任。而老宋則因知識老化和業績不佳而慘遭淘汰，留給他的是歲月蹉跎和風光不再的嗟歎。

可見，一個不注重學習的人，甚至為了現實而暫時放棄學習的人，最終會因為缺少豐富的知識無法再適應企業，得不到主管的重視和提拔。然而，問題的關鍵還不只是否重視學習，是否掌握學習的方法也很重要。學習應該是多方面、多管道的，既要學習最好、最先進的理論，也要注意學習從生活中積累的經驗，在工作的實踐中學習；既要學習專業知識，也要學習其他有助於企業發展的知識，並能夠學以致用。

員工應該多參加一些座談會、知識講座等，並自行歸納一些成功者、成功企業的特點和經驗，當然也包括進入大學選修某些課程和接受各種培訓等，從而不斷充實、提高自己。

對於一個公司來說，要選擇一批能做好本職工作，擁有敬業精神的員工，就必須了解其學習能力和學以致用的能力。只有善於學習的員工，才能在變化無常的環境中應付自如；只有這樣的員工，才能有效完成任何一個緊急任務，也能在短時間內成為某個新項目的行家。

蔡小姐屬於那種始終知道自己要做什麼的人，很早就打算進入電子領域，她先是考取了經濟學博士，但是，俗話說：「讀到博士書無回味。」蔡小姐不再一味死讀書，而是先到一家小公司充電，最後如願以償地進入大公司工作，她發現大公司裡的主管善於一隻眼忙工作，一隻眼看世界。於是，她也開始關注世界形勢和宏觀經濟局面，而對於老闆分配的任務她總是及時完成，她的好學和見識得到了老闆的賞識，很快得到升職的嘉獎。

實際上，經驗豐富和業績突出是員工學習的兩大障礙。經驗主義者拒絕學習，是老闆最頭痛的事，因為每當人們滿足於成功的時候，失敗可能正在開始。在一個競爭不太激烈的環境裡，可以為暫時的成功陶醉一年而無須擔心被人超越。但是，在今天這樣一個競爭如同戰爭的時代，只要陶醉一分鐘就可能導致失敗。

在知識經濟的年代，資訊日新月異，隨著企業的不斷發展，各種知識不斷更新，新的知識技術的增長遠遠超過了年齡的增長，因此員工必須把學習當成一件像吃飯喝水一樣須臾不能離開的東西，這樣不斷學習新知識，才能不落人後。

一個銷售員總不應該滿足於永遠賣滑鼠鍵盤吧，但如果想要賣筆電，就要學習筆電的相關知識，要去學習不同目標顧客群的心理、習慣甚至他們的喜好。要是去銷售 ERP 或一套資訊化的方案，那過去賣滑鼠鍵盤的知識和技巧便是微不足道，還有更多的知識都需要學習。

員工的能力決定著企業前進的步伐，老闆們自然也就會重視員工的學習，看員工是否能主動提高自己的能力，適應企業的需要。對於那些不注重學習，無法適應企業發展的員工，老闆們只有一種態度——封殺。

職場新貴致勝心法

拒絕學習的員工是企業最大的隱患，而拒絕學習又是那些業績不錯的員工最可能犯的錯誤。往往，那些已經取得了一些業績的員工甚至可能「刀槍不入」，面對老闆和同事的建議或者質疑，他們會下意識地反對，並會理所當然地覺得自己的業績就是能力的證明。這樣的員工遲早會落後於這個科技日新月異的「知識爆炸時代」，當然也不會得到上司賞識，更不用說晉升了。

沒有危機感

說到危機感，可能會有人質疑：那只是失敗者才要考慮的，優秀的員工和卓越的領導者只需盡情地舉起慶祝的酒杯，享受成功後的喜悅，無須再有什麼危機感。然而，如果你真以為取得階段性的成功就不必有危機感，可就大錯特錯了。要知道，更大的挑戰還在後頭，日新月異的時代和激烈競爭的市場，不會給任何一個公司毫無壓力的機會。

美國康乃爾大學曾經做過一項「青蛙實驗」，我想大家都非常熟悉了吧！不過，為了說明問題，我們再次拿出來，和大家一起分享。當時，實驗人員把一隻健壯的青蛙投入熱水鍋中，青蛙馬上就感到了危險，拚命一縱便跳出了鍋子。第二次，實驗人員把該青蛙投入冷水鍋中，然後慢慢加熱鍋子。剛開始時，青蛙自然悠哉悠哉地毫無戒備。一段時間以後，鍋裡水的溫度逐漸升高，而青蛙在緩慢的變化中卻沒有感受到危險，最後，一隻活蹦亂跳的健壯青蛙竟活活地給煮死了。

「蛙死溫水」現象道出缺少危機感的危害，說明了在一種漸變的環境中，即使你已經很成功，已經很有成就，但如果不能保持清醒的頭腦和敏銳的感知力，對新變化做出快速的反應，而是貪圖享受，安逸於成功的現狀，那麼當你發現到環境的變化已經使得自己不得不做反應時，行動的最佳時機早已錯過了，所有的作為只是徒勞。道理雖然這麼說，但在現實生活中，令人感到悲哀的是，「青蛙」的悲劇依舊在不斷上演，而且還有逐步加劇的可能。

給你一個忠告：人有一個弱點，即發現問題時，只要還沒到不可救藥的地步，即對之視而不見，不採取任何解決措施。直到情勢惡化，發展成不可扭轉的局面，想挽回也已經遲了。

究其原因，主要是人對問題的嚴重性以及解決問題的緊迫性還缺乏清醒的認識。因此，在平時就應該相互提醒，及時溝通，以防止這類問題的發生。然而，更重要的是，無論何時何地，都應該有一種危機感。

有遠見的人往往懂得居安思危，在事業發展一帆風順的時候仍可及時發現潛在危險，並提前做好應變的準備，防患於未然，因而能夠持續成功的戰果。其他人則只知道有意無意地美化自己，文過飾非，終於導致千里之堤潰於蟻穴的悲劇發生。

職場新貴致勝心法

成功只是暫時的，一旦明天某些情況發生變化，可能後天就迎來失敗，如果沒有危機感，對可能發生的事情缺少應對策略，屆時將束手無策。所以，面對那些沒有危機感的人，企業經營者怎敢委以重任呢？

自己管不住自己

一位自己管不住自己的業務，就算第二天一早約了客戶要展示產品，但因為想打保齡球的衝動，前一晚在保齡球館裡熬夜放縱。睡眠不足精神不濟，第二天向客戶推銷產品時無精打采，其結果大家可想而知。

無論從任何角度看，自律都是一種自愛的表現，一個缺乏自律的員工，就是一個不自愛的員工，對於這樣的下屬，老闆當然不會列入重點栽培的名單中。

當主管在與不在的時候，你是不是一樣努力工作？同事間出現矛盾時你會怎麼辦？是對同事破口大罵嗎？老闆不在的時候，你是否會消極怠工……上述這些問題，不僅是老闆們時常關心的問題，也是阻礙你前途的最直接原因。當遇到這樣的情況時，首先要做到自律，因為只有自律的人才做得好自己的本職工作，進而不斷創造佳績，得到晉升機會。一個管不住自己的員工，只是團隊裡的害群之馬。

管不住自己還有另外一種情形，那就是管不住嘴巴。

總公司的市場經理劉美惠初次來分部辦事處巡視指導，中午請部門同事一起吃飯，席間談起一位剛剛離職的副總張雅芳，剛來辦事處的李婷婷說張雅芳脾氣不好，很難與人相處。

劉美惠問：「是不是她的工作壓力太大？」

李婷婷說：「我看不是，三十多歲的女人沒結婚也沒男朋友，可能是心理變態。」

聽到這裡，剛才還熱烈交談的大家都閉上了嘴巴。因為，除了李婷婷，那些在座的資深員工都知道：劉美惠也是待字閨中的老小姐！

在此後的兩年中，李婷婷無論多麼賣力，也無法得到晉升。直到劉美惠遷居國外、離開總公司後，李婷婷才爬到單位負責人的職位。

一個能管得住自己的員工，還應該管住自己不要與老闆走得過近。下屬應該明白，成為老闆最需要的下屬，並不代表著你可以無界限地接近並了解你的老闆。無論老闆多麼需要你，有一點你必須牢記：老闆終歸是老闆，你對他雖然沒有必要始終畢恭畢敬，但是，絕對不能依仗著他對你的需要和重視而把他當作普通的朋友來看待。

「適當的距離是一條安全線」，這是辦公室裡一條不變的遊戲規則。如果你和老闆走得太近，對他的工作、生活，甚至隱私都瞭若指掌，那麼這會對他構成一種無形的威脅。而在平時過甚的交往中，你的缺點又會毫無遮攔地暴露在他眼裡，這對你的工作也會非常不利。

人常說：「好事不出門，壞事傳千里。」希望傳播的資訊傳播不出去，而不希望暴露的資訊卻廣為流傳。越是正式管道的消息越傳播不下去，而非正式的消息卻能暢通無阻。作為一名下屬，會有很多機會接觸到很多老闆的資訊與隱私；作為一名老闆，有時候也的確有一些需要保密的資訊會在無意間被下屬知道。作為下屬應該懂得對這些資訊守口如瓶，為自己的雙唇裝上拉鏈。

如果你是一個管不住自己的員工，就容易在有意無意的時候透露了不該說的事情。所謂：「說者無意，聽者有心。」於是，你無意的一句話，很可能就困擾了周圍的人，也使老闆或公司效益因此陷入困境。最終，也使自己被列入不信任的黑名單中。因此，要使自己成為一個「安全的人」，給老闆安全感，這樣才能使他放心地將重要工作交給你，同時也能放心地視你為心腹。

聰明的你如果懂得了解重要資訊的必要性，也就更能知道管住自己嘴巴的重要性。做一個不該開口就絕不開口的員工，為你的公司和老闆保住秘密，你的仕途才有光明。

職場新貴致勝心法

自我約束是一個循序漸進的過程，人們應該逐步練習控制自己。不要成為情緒和衝動的奴隸，而要主宰自己的情感。能夠嚴於自律、控制情緒的人，必定是工作成就最高的人。他們可以不受感情牽絆完成使命，也不會養成自毀前程的習慣。

全心全力投入工作、投入公司，提供最完美的服務。當一個員工做到這些的時候，他的所作所為都會被老闆記住並認可，一定會得到提拔和晉升。

不相信自己

在職場中，有很多員工不相信自己的能力，因而無論辦什麼事都縮手縮腳，瞻前顧後。實際上，越是不相信自己，事情越做不好，這樣會陷入「更加不相信自己」的惡性循環。

有種人雖然聰明、有歷練，但是被提拔後，反而毫無自信，覺得自己不能勝任。他們的核心信念是「我不夠好」，尤其是出現挫折和挑戰的時候，這種自我破壞與自我限制的負面想法占了上風。

他們可能會是典型的悲觀論者，杞人憂天，採取行動之前，想像一切負面的結果，感到焦慮不安。這種人擔任主管，遇事會拖延，按兵不動。因為太在意羞愧感，甚至懷疑部屬會出難題，使他難堪。他們會覺得自己的角色可有可無，跟不上別人，也沒有歸屬感。

這種人的另一個極端表現就是無條件迴避問題。身為主管，本來應當為部屬據理力爭，卻迴避衝突，得不到部屬或其他部門同僚敬重。為了維持和平，壓抑感情，結果，嚴重缺乏面對衝突、解決衝突的能力。而這種無力解決衝突的無能，也蔓延到婚姻、親子、手足與友誼關係。

微軟公司在徵求員工時，有很多突破常規的標準，其中一條是，錄用的新人不必一定是某一方面的專才，但卻要具備積極進取、心懷夢想的自信。而對於做事畏首畏尾、保守、消極之人，即使再有才華，微軟也決不錄用。

有一位業務人員，每當他站在某位重要人物面前，就會失去自信，侷促不安，結結巴巴地不知道自己在說些什麼。就算對方親切客氣，但他總覺得自己很渺小。後來，這位業務不斷地換工作，由於經常懷疑自己、不相信自己，其結果都是慘敗而歸。

日本的經營之神松下幸之助曾經說過：「在我的人生中，任何一次消極和悲觀，都將足以置松下公司於死地。當公司遇到困難時，單靠我一人的力量一定是應付不了的，幸運的是，我有很多員工，他們自始至終和我並肩站在一起。在大家的共同努力下，公司才得以抓住機會，擺脫困境。所以，不單是對企業領導人，即使是普通員工，樂觀、積極的進取精神也是必不可少的。」

和微軟公司一樣，松下公司始終都將「積極主動、樂觀向上」放在錄用員工的必備條件之首。

一位著名企業的經理說：「目前職場上最迫切需要的，就是那些富有自信、激情的員工，只有這些人才是我們真正需要的最可愛的員工……我們也很需要新產品、新市場以及新的作業流程，然而，這些無一例外需要靠富有自信、激情的人來推動。」

有一名年輕人，失業在家，喜歡寫作，經常在報紙上發表一些小文章。一天，他的母親指著一則徵才啟事對她的兒子說：「你看，這家報社需要編輯，快去試試看！」

「我不一定行。」這位青年答道。

「為什麼？」母親問。

「我沒有學歷。」兒子回答。

「或許你發表的作品能打動報社的總編輯？」母親說。

「有那麼多的大學畢業生去應徵，他怎麼會看上我呢？」兒子說。

「你見過總編了嗎？」母親問她的兒子。

「沒有。」兒子回答。

「你了解全部的競爭對手嗎？」母親又問。

「沒有。」兒子說。

母親不屑地問：「那你究竟怕什麼？」

是啊！這個年輕人到底害怕什麼？他所缺少的，正是一種自信。他現在最大的敵人不是競爭對手，而是自己。只有戰勝了自己，滿懷信心地去應徵，才有可能會成功。否則，如果抱持著這種低人一等的心態前去應徵，在總編面前所表現出來的一言一行都會很明顯地帶有自卑的烙印。一個沒有自信的員工也很難得到升遷，任何一個老闆都不會喜歡「這不行，那不行」的員工。

企業需要的是積極進取、不怕困難、充滿自信的員工，具有這種精神的人才，才是企業進步的支柱！

那些沉悶、木訥、墨守成規的人，一遇到挫折，就悲觀消極，不能自拔，甚至開始懷疑自己能力的員工，根本無法在激烈的競爭中生存，更不要說晉升、發展了。

職場新貴致勝心法

在職場裡必須跳脫自卑和消極，如果一個人連自己都不相信自己的能力，又怎麼使老闆去相信他呢？這樣的員工，老闆又怎麼能放心地委以重任呢？事實上，如果一個員工消極自卑，除了他自己，沒有人能真正使他積極起來。

討厭自己的職業

在現實生活中，有許多人認為自己所從事的工作低人一等。他們身在其中，卻無法體認到自己工作的意義和價值，只是迫於生活的壓力而勞動，從來沒有將其當成是一種需要。他們輕視自己所從事的工作，自然無法全心投入，工作中無精打采、怨天尤人，而將大部分心思用在擺脫現有工作上，這樣的人在任何地方都不會有成就。

職業是一種使命，一個人降生到這個世界上，並不僅僅是為了活著。無意義的生活會使人感到精神空虛，體會不到人生的意義。人到世界上來是服務群眾、在工作中自我實現的，明白了這一點，就應該視自己的工作為神聖的使命，重視它，熱愛它。

「做一行，愛一行」，由於能力、經驗等方面的原因，剛進一家公司時常常必須從最基層的工作做起，但是，如果能夠將手邊的工作當成一種積累和鋪墊，以虔誠的心態去對待它，同樣也會走向自己夢寐以求的成功境界。

阿龍和阿強在公司裡學歷是最高的，本以為一到公司就會受到重用，擔任重要職位。可是被安排的工作令他們大失所望，他們彷彿成了打雜小弟，於是便開始私下埋怨。不同的是，阿龍開始厭倦這份工作，常常打電話和留意徵才資訊，隨時準備跳槽，工作扔到一邊，不時缺勤；阿強雖然心裡不痛快，卻仍然安於工作、任勞任怨，把它視為鍛鍊自己的機會，相信總有一天會贏得認可。他還深入了解公司情況，加強自己的業務知識，熟悉公司運作。五個月後，阿強被調到重要職位，結束了單調而乏味的工作，而阿龍沒有找到其他工作，也沒有通過試用期。

判斷一個員工是否有晉升機會，只要觀察他對待工作的態度就一目了然。當然，一個人的工作態度，又與他本人的性情、才能有著密切的關係。一個人對待職業的態度，是他人生態度的表現，所以，了解一個人的工作態度，在某種程度上就是了解了那個人。這正是老闆提拔人才時的重要依據。

如果一個人厭惡自己當下的工作，將它當成低賤的事情，那麼其他更好的機會也輪不到他。因為從任何角度看，職涯是人生的重要部分，當看不起自己的工作時，工作起來會特別覺得艱辛、煩悶，自然也做不好，這樣哪還有被發掘的可能。

「說實話，我最厭惡自己的會計工作，因為每天都得對著這些爛帳。我從來沒有想過這個工作是否適合我，我到底在這個單位能有多大前途，工作也很沒勁，只知道為了生存，我必須在這個單位繼續做下去。時間長了，我就對這種機械式的工作感到厭倦了，每天都提不起精神，工作對我而言，已經成為平淡無味甚至很討厭的東西。」一位從事會計工作十幾年的員工這樣說過。

很顯然，這個員工為什麼做了十幾年的會計，到頭來依然是會計？根本的原因在於他從來就沒有喜歡過自己的工作，只是在被動地做事，這樣還談什麼晉升？職場中，的確有許多人厭惡自己的工作，從不把工作看成創造一番事業的踏腳石，而僅僅視為衣食住行的供給者，認為工作是生活的代價，是無可奈何、不可避免的勞碌。這種錯誤的觀念，註定他們自暴自棄，最終一無所成。

輕視自己工作的人，往往是一些被動適應生活的人，他們不願意努力去追求晉升的機會。對於他們來說，公務員更體面，更有權威性；他們不喜歡商業和服務業，蔑視體力勞動，自認為應該活得更加輕鬆，應該有一個更好的職位，工作時間更自由。所以，視公司的制度為障礙，視自己的老闆為絆腳石和攔路虎，不尊重老闆。總是固執地認為自己在某些方面更有優勢，會有更光明的前途，視跳槽為兒戲，這樣的人是為職涯自掘墳墓啊。

職場新貴致勝心法

一個視職業為使命的員工，必定熱愛工作，積極上進，贏得老闆的信任和賞識，晉升的機會當然多一些。而那些輕視工作的員工，不但對自己的職業不尊重，不珍視自己的工作價值，終將會被老闆和職場所淘汰。

對待工作不夠熱忱

在一家公司裡，有些吊兒郎當的老職員們，經常嘲笑一位年輕人的工作熱情，因為這個職位低微的新手做了許多自己職責範圍以外的工作。然而不久後，老闆將這位有工作熱情的新人拔擢，任命為部門經理，帶入了公司的管理階層，而那些吊兒郎當的老職員繼續他們的基層工作。

所有做老闆的都明白一點：兢兢業業，神情專注，充滿熱情的人才值得信任。因此，每次的晉升，他們都是老闆優先考慮的對象。老闆明白，這些員工是自己的好助手，而且他們的積極心態能感染公司其他人員，特別是可以激勵那些散漫、拖拖拉拉的員工。相反的，冷漠、馬虎、懶惰的員工，存在一種隨遇而安的心理，在他們的影響下，領導者的工作心情也被干擾。所以，他會不自覺地與充滿工作熱忱的員工在一起，關心他們的生活；對那些不專心工作，逃避責任，不注重實績的員工，有一種本能的排斥。

志偉和俊賢同時被一家大型連鎖超市錄取，領著同樣的薪資。可是一段時間後，志偉升上主管，俊賢卻仍在原地踏步。

俊賢很不滿意老闆的不公平待遇。有一天，終於忍不住對老闆發牢騷。老闆一邊耐心地聽著他的抱怨，一邊在心裡盤算著怎樣向他解釋清楚他和志偉之間的差別。

「俊賢，」老闆說話了，「你去市場一趟，看看今天早上有什麼人在賣花生。」

俊賢從市場上回來向老闆彙報說，今早市場上只有一個農民拉了一車花生在賣。

「有多少？」老闆問。

俊賢趕快又跑到市場上，然後回來告訴老闆說一共有四十袋花生。

「價格是多少？」

俊賢第三次跑到市場上問來了價格。

「好吧，」老闆對他說，「現在請你坐在椅子上別說話，看看志偉怎麼做。」於是老闆叫志偉也到市場去，看看有沒有花生在賣。

志偉很快就從市場上回來了，向老闆彙報說，到現在為止只有一個農民在賣花生，一共四十袋，價格是多少；花生品質很不錯，他帶回來一個給老闆看看。這個農民一個鐘頭以後還會運來幾箱番茄，據他看價格非常公道。昨天他們超商裡的番茄賣得很快，庫存已經不多了。他想這麼便宜的番茄，老闆一定會要進一些的，所以他不僅帶回了一個番茄做樣品，而且把那個農民也帶來了，他現在正在外面等回覆呢。

此時老闆轉向俊賢，說：「現在你知道為什麼志偉比你升遷的快了吧？」

俊賢點點頭。

「知道你為什麼沒有晉升的機會嗎？」老闆繼續問。

俊賢羞愧得又點點頭。

「去吧，小夥子，拿出你十分的熱情對待工作，你會有好運的。」老闆大聲地說。

顯然，因為態度的不同，同樣的工作，會做出不一樣的效果；而做同樣工作的人，也會有不同的體驗和收穫。

在日常工作中，一個對工作沒有興致的員工，難以使老闆和顧客滿意時，他的工作成效自然不好。相反的，熱忱是一種神奇的要素，它足以使人吸引老闆、同事、客戶和任何具有影響力的人，你自然就會得到提拔。

有一位年輕人畢業後即到一個海上油田鑽探隊做事。在海上工作的第一天，領班要求他在限定的時間內登上幾十公尺高的鑽井架，把一個包裝好的漂亮盒子送到最頂層的主管手裡。他拿著盒子快步爬上高聳而狹窄的舷梯，氣喘吁吁、滿頭大汗地登上頂層，把盒子交給主管。主管只在上面簽下自己的名字，就要他送回去。他又快跑下舷梯，把盒子交給領班，領班也同樣在上面簽下自己的名字，要他再送給主管。

他看了看領班，猶豫了一下，轉身登上舷梯。當他第二次登上頂層把盒子交給主管時，渾身是汗、兩腿發顫，主管卻和上次一樣，在盒子上簽下名字，要他把盒子再送回去。他擦擦臉上的汗水，轉身走向舷梯，把盒子送下來，領班簽完字，要他再送上去。

這時他有些憤怒了，他看看領班平靜的臉，盡力忍著不發作，拿起盒子艱難地一個台階一個台階地往上爬。當他上到最頂層時，渾身上下都濕透了，他第三次把盒子遞給主管，主管看著他，傲慢地說：「把盒子打開。」他撕開外面的包裝紙，打開盒子，裡面是兩個玻璃罐，一罐是咖啡，一罐是奶精。他憤怒地抬起頭，雙眼噴著怒火，射向主管。

主管又對他說：「去沖杯咖啡來。」年輕人再也忍不住了，「叭」地一下把盒子摔在了地上：「我不做了！」說完看看摔在地上的盒子，感到心裡痛快了許多，剛才的憤怒全釋放了出來。

這時，這位傲慢的主管站起身來，直視他說：「剛才要你做的這些，叫做承受極限訓練，我們在海上作業，隨時會遇到危險，因此要求隊員體能上一定要有極強的承受力，承受各種危險的考驗，才能完成海上作業任務。再者，作為一名優秀的海上油田鑽井隊隊員，首先應該對工作有熱忱、有踏踏實實的作風，它是成就油田事業的素養之一。可惜，前面三次的考驗你都通過了，只差最後一點點，沒有喝到自己沖泡的甘甜咖啡。現在，你可以走了。」

獲得晉升的員工，是因為對工作有熱忱；沒有晉升機會的員工，是因為對工作沒有熱忱。晉升與不晉升，就在於你有沒有熱忱這個因素。所以，請大家記住：一個對工作沒有熱情的人，不可能製造出火花，壓力也將隨著歲月堆積更沉重。一念之差，人生將會大不同。

美國是世界上最富強的國家，很多人以為他們的生活就是悠閒地開著汽車從美國東海岸到西海岸去度假，也常常到全世界去旅遊。但是你知道嗎？很多美國人自願每天工作十五小時並且有時還沒有週末，正因為他們處在科技的最前端，是整個世界的火車頭，他們受到的壓力也就最大。旅遊、度假僅是工作的調劑和生活情趣罷了。有人工作八小時就喊累，這樣的工作態度怎麼能跟上公司的發展呢？

再回到我們的日常工作中來，很多人面對工作總是冷冰冰、毫無生氣，可想而知他們能從積極努力中找到樂趣嗎？這樣的員工能夠晉升嗎？答案是很明確的。首先，員工死氣沉沉的，其企業生命力會是短暫的，基本上大家並沒有全身心地投入工作，態度冰冷，毫無生氣，可以說是為加速其所效力公司的「消失」而努力。所以，如果你是一家公司的老闆，怎會喜歡這些員工？

事實上，一個員工要是把他的精力高度集中於工作，根本沒有功夫去考慮別人的評價，而老闆也終究會肯定他的價值。

職場新貴致勝心法

如果一個員工不能使自己的全部身心都投入工作，他無論做什麼工作，都只能淪為平庸之輩。無法在自己的職涯中留下任何印記；做事馬馬虎虎，只有在平平淡淡中了卻此生。

為老闆而工作

有一些這樣的員工，總是認為自己只是老闆利用的工具，自己的辛苦只是為老闆創造效益和賺取利潤。沒有意識到老闆與員工並不是對立的，而是相輔相成的。這樣的員工首先缺乏積極性、主人翁意識，那麼也就得不到老闆的賞識。

的確，在這樣一個競爭激烈的時代，謀求個人利益和自我實現是天經地義的，但是，員工們必須明白，自己的工作，絕不僅僅是為老闆謀福利，而是為了追求自我的更高價值。

事實上，公司其實是所有員工共有的公共性組織，而不是某個老闆的私人財產。對於老闆而言，公司的生存和發展需要職員的敬業和服從；對於員工來說，他們需要的是豐厚的物質報酬和精神上的成就感。從表面上看起來，彼此之間存在著對立性，但是，在更高的層次上，兩者又是和諧統一的。老闆需要忠誠和有能力的員工，業務才能開展，員工必須依賴老闆提供的業務平台才能發揮自己的聰明才智。

為了自己的利益，老闆只會提拔那些能創造效益的職員。同樣，也是為了自己的利益，每個員工都應該意識到自己與老闆的利益是一致的，並且全力以赴，努力去工作。只有這樣才能獲得老闆的信任，才能在自己獨立創業時，保持敬業的習慣，以此實現人生價值。只有明白了工作是為了實現人生價值，將它當成一種神聖的使命，才能在工作中取得成績，並使主管發現你。

也許老闆有時會因為太主觀而無法對員工作出客觀的判斷，但是，只要員工學會自我肯定，竭盡所能，做到問心無愧，他的能力一定會提高，他的經驗一定會豐富起來，他的心胸就會變得更加開闊。當然，老闆並不是永遠都閉著眼睛，員工的成績最終會得到他的認可。從這一點上講，「為老闆工作」是一種錯誤的思想和態度，它只會更徹底地破壞員工在老闆心中的形象。

因此，員工和老闆是一體的，真正的對立取決於員工的心態和老闆的做法。聰明的老闆會給員工公平的待遇，而員工也應當以自己的忠誠來予以回報，這是一個員工的義務所在，它與「為老闆工作」思想有本質的區別。

建興在超市工作六年了，但一直沒有得到晉升，而跟他同期的俊傑卻已經升為經理。建興很不服氣，他自認為是一個好店員，做了自己應該做的事——詳實記錄顧客的購物款項。然而有一天，當他正在和一個同事閒聊時，經理俊傑親自來店裡檢查，環顧四周，知道自己老同事不服氣自己，於是示意建興跟著他。經理一句話也沒有說就開始動手整理那些已經訂出去的商品，然後又走到食品區，開始清理櫃檯，將購物車排整齊。

建興很驚訝，不是因為這是一項新任務，而是從前沒有人告訴他要做這些事。他只知道為老闆而工作，老闆要求什麼他就做什麼。建興終於明白：俊傑的升職與「為自己工作」的工作態度不無關係。

一個員工，如果只是為老闆工作，那麼，他就不會主動，不主動怎麼能讓上司看到眼裡，看不到眼裡怎麼能夠給他晉升的機會？

從長遠的角度看，任何一個員工，總不會甘心永遠在別人手下做事，總會既從事目前的工作，同時又想著真正要做的工作——創業。如果你能將該做的工作做得和想做的工作一樣認真，那麼你一定會成功，因為你在為未來做準備，你正在學習一些足以超越目前職位，甚至成為老闆或老闆的老闆的技巧。當時機成熟時，你已準備就緒了。所以說，你不是為老闆工作，而是在為自己工作。

來個換位思考，假設你是老闆，我想你也一定希望員工和自己一樣，將公司當成自己的事業，更加努力，更加勤奮，更積極主動，而對待那些對工作從不主動的員工，只能放任他自甘墮落了。因此，不能以老闆的心態對待工作的人，不值得上司信賴，老闆不樂於雇用，也不可能晉升。更重要的是，不能心安理得地領取應得的薪資和獎金，因為他沒有全力以赴，只是形式主義地交差罷了。

當那些以老闆的心態對待公司的員工，主動為公司創造效益、節省花費，公司也會給予回報。不要認為這樣的兌現遙不可及，報酬一定會來，只不過表現的方式不同而已。當一個人養成習慣，像老闆一樣考慮公司的利益，老闆和同事總會看在眼裡。每一個人的付出與升遷是成正比的，就員工而言，有一條永恆的真理：不能像老闆一樣對待工作，你就只能是一名員工，根本沒有晉升的可能。

職場新貴致勝心法

有些人總是感慨自己的付出與受到的肯定和獲得的報酬並不成比例，因此就敷衍了事，只擔心工作過度，只抱怨得不到理想薪資。他們永遠不會明白一個道理：你是在自己的公司裡為自己做事，你的產品就是你自己。

為公司而工作

和那些總認為工作是為老闆的人一樣，有些人認為工作只是為了公司，而自己從中並沒有得到太多的好處。他們工作態度消極，沒有主動和創意，總是抱著隨便應付一下完成了就可以的態度。

無疑，工作態度是衡量一個員工是否敬業的重要標準，如果一個員工連起碼的熱愛本職工作、積極主動、有責任心、做事不拖拉等基本的工作態度都沒有的話，又如何能盡職盡責呢？大多數老闆在徵募員工的時候，錄取與否取決於應徵者的態度。那些具有敬業精神的人，並不僅僅關注一年有幾天假日、公司有什麼福利等問題，而是先考慮自己將以什麼樣的工作態度來換得報酬。

在跳槽、兼職等行為掀起職場風雲的同時，炒魷魚也成為展現職場殘酷性的重要一面。任何一個在職場摸爬滾打的人都想炒老闆的魷魚，而不是讓老闆炒了自己的魷魚。但實際情況是，相當數量的人會遭到解職，傷心地離開公司。而導致被辭退的一個重要原因，正是工作態度不端正，影響團隊的建設，與公司文化不符。

從根本上說，盈利是任何一家在市場中生存發展的公司的根本目的，創造最大的財富，是公司和員工最大的也是最為一致的目標。員工只有將「為公司創造財富」當作神聖的天職和光榮使命，才算得上是一個盡職盡責的員工。同時，只有當公司有盈利時，員工個人的財富才會擴大，並因此得到巨大的成就感和滿足感。而使財富增值的唯一有效途徑，無疑是員工的努力工作。

某著名電子製造廠，在二十世紀九〇年代初期因敢想敢做迅速地發展起來。剛開始，五個股東感受到了創業成功的喜悅，都很敬業。但後來安逸久了，漸漸使他們改變以前「為公司工作」的態度，大家都想從中得到一些好處，再加上為了滿足自己的需要，每個股東都招了一批自己的「心腹」。這些各自的「心腹」們雖能力很強但態度不佳，一段時間後使得整個公司烏煙瘴氣，吃回扣的、吃喝嫖賭的、曠職做私事的現象屢見不鮮。很快，這家企業就因涉及經濟問題而受到處罰，公司和員工雙方都受到打擊。

態度不端正，任何事情都做不好，不努力就想獲得成績是根本不可能的事情。考核沒過，說明能力有問題，員工就應該主動接受培訓和指導。如果缺乏團隊精神，就應該主動親近同事，建立默契。與公司文化不符合，作為個人，應該去適應環境，如果你覺得現在的工作有發展前途的話，就應該主動去適應公司的管理，適應公司的制度。

職場新貴致勝心法

員工要從心態上認清自己與企業的關係，只有擺脫那種「為公司而工作」的錯誤認識，視公司為己有，才能真正發揮主人思想，既為公司創造營收，又為自己積累財富和經驗。

為薪水而工作

在日常工作中，存在著這樣一種人，初出校園時，對自己抱有很高的期望，認為自己應該得到重用，應該得到豐厚的報酬。他們在薪資上喜歡相互攀比，似乎薪資成了衡量一切的標準。但事實上，終日為了薪資工作的人，是無法擔當重任的。

其實，之所以出現這種狀況，原因在於對金錢的短視，以為公司薪資太微薄就不值得投入，而將比薪資更重要的東西也放棄了，實在太可惜。

工作固然是為了生計，但是比生計更可貴的，就是在工作中挖掘自己的潛能，發揮自己的才幹，做正直而純正的事情。這一切與用金錢表現出來的薪資相比，其價值要高出千萬倍。為薪資而工作不是明智的人生選擇，這樣的人沒有長遠的打算、沒有更高尚的目標、也無法走出平庸的生活模式，更不會有真正的成就感。

獲取薪資當然是工作目的之一，但是，如果以一種更為積極的心態對待工作，從中獲得的就不僅僅是銀行戶頭裡的薪資了。金錢在積累到某種程度之後就不再誘人，其價值是有上限的。當然，也許身為受雇階層的員工還遠遠沒有達到那種境界。但是，如果一個人對自己負責的話，你就應該清楚，還有比薪資更重要的，金錢僅僅是報酬的一種。在金錢回報不多的情況下，成功人士並不會輕率地選擇放棄，因為他們對自己的工作有著超乎常人的熱愛。明智的做法是選擇一種雖然薪資不多，但有興趣一直做下去的工作。金錢將跟隨你熱愛的工作而來，你也將成為用人單位青睞的對象。

李志成本是一家公司的資深人員，並且深得老闆的重視。但是薪資卻比普通員工高不了多少。為此，李志成很苦惱，他幾次想張口請老闆加薪，但又不好意思。所以，李志成工作也沒以前努力了。另一家公司得知李志成的才能，花高薪將他聘請去。令李志成做夢也想不到的是，這家公司所從事的活動是違法的。但是李志成一直被蒙在鼓裡，沒過多久公司被有關部門查封，李志成也由此落入了秀才遇到兵，有理說不清的地步，他這時才後悔自己的所作所為。

很多員工存在這樣一個迷思，總認為在為老闆工作，薪資一定要與自己的工作等價交換，老闆支付什麼標準的薪資，他就提供什麼樣的工作品質，自己的工作對得起那些錢就行了。他們刻意考慮薪酬的多少，而不珍視工作本身給他們創造的價值。他們不會明白，只有他們自己才能賦予自己終身受益無窮的財富，而老闆給的永遠都是可數的金錢。

從一種積極的學習態度來看，我們可以把工作看成一種經驗的積累，顯然，任何一項工作都蘊含著許多個人成長的機會。

不要擔心你的努力被老闆忽視，老闆對你的態度，就是你工作結果的反應。而老闆每時每刻都在觀察你。當你為如何多賺一些錢而左思右想之前，不如先考慮一下怎樣才能把工作做得更好。不要總是將精力集中到費盡心思說服老闆接受為你加薪的理由，只要在工作中竭盡全力，晉升的機會和薪資自然會提高。

職場新貴致勝心法

老闆只會提拔那些對待工作熱情如火、不辭勞苦、主動進取的員工；而鄙視那些計較工作時間和薪酬福利、不懂得先努力將工作做好的員工。因為這樣的員工既不明白工作中比薪資更重要的是什麼，更不明白敬業和忠誠是一種多麼可貴的精神。

第2種員工

自甘墮落，拒絕創新

業務不精，表現平庸

成功的秘訣之一是：無論從事什麼職業都應該精通。精通自己工作領域中的所有知識與相關技能，掌握得比別人更熟練、更專精，才會比其他人有更多的機會獲得晉升和更長遠的發展。

在職場中，有很多人其實業務不精、表現平庸，每天以混日子的態度在工作，他們不求上進，不思學習，自甘墮落，不想改變自己，這樣的人最終也只能停在原位，甚至被掃地出門。

星期一早上，業務經理張國華坐在辦公室，喝著咖啡，閱讀下屬阿傑提出的業務進展報告。他很快就被不知所云的報告內容激怒了，根本無法看懂阿傑的思路，報告的語意不清，真不知道阿傑是怎樣得出這個結論的。更令張國華異常厭惡的是，這是本月第五次他必須告訴阿傑他的工作表現令人難以忍受。他報告裡有四分之一需要重做。

最過分的是，每次張國華告誡阿傑要多學，要敢於挑戰自己，他卻不屑一顧，還不改正。而且每當張國華指出問題，認為他的工作表現不夠水準時，阿傑總是露出一副驚訝表情。有一次，甚至回答說：「我認為我做得很不錯呀！」最終，張國華下定決心，直接開口表達不滿，要求阿傑請辭。

業務不精、表現平庸以及其帶來的連鎖反應，的確令企業管理者頭疼。一般來說，老闆會從公司成本方面考慮，所以不會普遍使用優勝劣汰的辦法，輕易否定某個員工。然而，老闆在做出了相當的努力和鼓勵後，對於那些確定表現低下、消極不努力、不夠敬業、工作態度差、給公司造成不良影響的員工，就只好淘汰了。

有一家公司的總部經常張貼各部門的徵才廣告，每月都有企業內部人才徵求活動。每個部門都會積極吸納那些有能力的員工，以取代表現平庸的員工。其內部徵才由總裁直接領導下的人力資源委員會進行，為所有應徵者保密。員工只需私下填好轉調登記表，寫明應徵職位、職務並陳述自己的才幹，用信封密封起來親自（或委託專門的督辦人員）送交人資部門，即可進入初試和複試，程序相當簡單。一旦被錄用，即可跳到新的部門或新的職位。透過這種方式，公司既合理解決了因客觀因素導致員工表現平庸的問題，同時也給各部門負責人和那些真正業務不精、表現平庸的員工敲了警鐘，使他們明白，透過這種方式卻依然無所進展的人，已經不可救藥了。

實際上，每個公司、每個企業都有自己的一套績效考核標準，隨時都會對員工的工作進行追蹤。依據他們的表現，公司會給予合理的獎勵或懲罰。有些公司有明確的末尾淘汰制，那些績效總是排在後百分之幾的員工將會被解約，因此，當你無法完成公司交付的任務，或者業務考核績效沒有達到標準時，危機就會隨之而來。

某公司考績推行「二十、七十、十」政策。即要有二十%的優秀員工，要有七十%的合格員工，剩下的十%是落後的，列入觀察名單。這是社會競爭激烈的必然結果，如果不淘汰績效考核差的人，公司就會被社會淘汰，就會被競爭對手吞併。因此，那些表現平庸、不思進取的員工，別說有晉升的機會，就連自己的「飯碗」恐怕都保不住。

與工作態度、團隊精神等比起來，最容易被公司逼退的，是屬於績效考核沒有達到公司要求的人。競爭的殘酷，必然令眾多公司壓力巨大，在這種壓力下要盡可能增加市場占有率，這時公司只能靠員工積極努力，給員工必要的壓力才能使他們得到鍛鍊，使公司獲得盈利。如果一個員工不能適應激烈的市場競爭，當然也就不能適應公司的環境。

職場新貴致勝心法

物競天擇，適者生存。能力是一個員工手中的王牌。業務精通、表現出色的員工，自然會得到器重。而業務不精、表現平庸的員工，留在公司只會影響公司的整體效益，拖累公司。

一瓶不滿，半瓶晃蕩

許許多多的人內心充滿遙不可及的夢想與激情，可當他們面對平凡和繁瑣的工作時，就會興趣缺缺、無計可施。眼高手低，這是有小聰明的人在職場上的通病。

一位哲人說過：「無知和好高騖遠是年輕人最容易犯的兩個錯誤，也是導致他們一無所獲的原因。」現實中，眼高手低的人為數不少，他們盯著高職高薪，對小事不屑一顧。求學過程順遂的天之驕子，畢業後天天夢想著做大事，做轟轟烈烈的、驚天動地的事情，才剛出社會，就對枯燥單調的事務性工作不屑一顧，自認為是學有專精的高材生，行政文書聯絡溝通之類的工作是大材小用，委屈了自己，埋怨這樣做下去毫無前途。結果當重要事情真正交辦給他的時候，往往因為缺乏經驗和能力什麼都做不了。有這樣心態的人在職場上恐怕連小事都做不好，怎麼能做大事呢？

趙大中是一間著名醫學院的畢業生，主修中醫學系。中醫治病基本靠的是經驗，但趙大中和很多教授、專家一樣，只想研究中醫理論，不會用藥、看病。但因競爭激烈的緣故，剛踏出校門的他只好「屈就」到一家醫院工作。

由於醫院主要缺乏一線臨床醫師、藥劑師等人才，所以趙大中被安排到門診部實習，而他認為這簡直是浪費人才。他想即使做不了理論權威，至少還可以做做主管什麼的。當然，不服歸不服，他最終屈從於現實，懷著選錯了專業的懊悔，極不情願地去了。

可是，趙大中做了幾天就感到索然無味，那些一板一眼的老中醫、難聞的中藥味道、繁瑣的診斷和單調的生活都使他非常不舒服，整天怨天尤人，抱怨工作，厭煩生活。幾個月過去了也開不了一張像樣的單子，「望、聞、問、切」一樣也不會，連病人的脈搏也找不準，完全是幫了倒忙。還要擺出知名醫學院的派頭，議論主管有眼無珠，大材小用。甚至當著病人的面把中醫說成是巫術，把其他中醫師氣得渾身發抖。後來，趙大中終於迎來了一個公平的結果：院長叫他走人。

聰明的老闆絕不會輕易對那些「一瓶不滿，半瓶晃蕩」的員工給予晉升的機會，寧可事情停住不做，也不會「饑不擇食」來重用這些人。與其把重要工作破壞，還不如不做，不做頂多是零，破壞了就是負數。

在某一百貨公司有一個電梯小姐，因相貌酷似某藝人而招來不少的議論。大家乘坐電梯時，總是有意無意地說起她像某位女藝人之事，大有為她鳴不平之意，認為當電梯小姐委屈她了。一天，逛街購物的高峰時間，擠在電梯裡的人們又開始談論起這件事情。有人說：「真的，妳長得太像某某藝人了，何不去藝壇試試呢？」沒想到，她的回答令所有的人大吃一驚：「您說的那位藝人我知道，她頂多是一位三流的藝人，而我卻是一名一流的電梯小姐。」她說得太好了，與一名三流藝人比起來，不管電梯小姐是否真的高尚，但這種心態就令人尊敬。

沒過多久，這位電梯小姐就被擢升為物業管理人員。

這名電梯小姐的工作態度令人刮目相看，重要的是令上級主管佩服，顯然，這樣的員工獲得贊揚是遲早的事。

職場新貴致勝心法

作為用人單位，要教育眼高手低之人，培養他們踏踏實實做小事的心態，追求盡善盡美的心態。心態決定命運，習慣鑄就個性。只有如此，他們才可能做成大事。眼高手低的人關鍵是沒有平衡的心態，所以做任何事情都很浮躁，很難做精做細，取得成功。

對待工作馬馬虎虎

很多公司可能一直都在反覆強調著這樣一句話：「在這裡一切要求盡善盡美。」一個人無論做什麼事，如果都力求完美，不但會使工作效率和工作品質提高，從而得到老闆的賞識和重用，也會使自己高尚的人格得以樹立。相反，那些工作馬馬虎虎的員工，走不出效率低下的陰影，僅成老闆責難的對象。

某公司的老闆精明能幹，公司員工也都齊心協力、工作認真。可是不久前，錄用了一位剛剛畢業的女秘書。這位新來的女大學生，做事馬馬虎虎，不拘小節，資料總是不加整理便遞交上去，辦公桌上的文件亂七八糟，老闆指正許多次，她仍然我行我素，毫無長進。最終，老闆提拔了另一名做事認真的助理，代替了她的工作。

馬馬虎虎不僅是一種不良的工作習慣，也是一種不敬業的工作態度。那些抱有「做一天和尚撞一天鐘」的消極態度的員工，最終連和尚也做不成，因為老闆需要的是主動和有效率的員工。

阿哲在一家頗有發展前途的公司任職。這天早上，他參加了業務部門召開的一個會議，決定由他統計一組資料。下午的時候，阿哲接到一份會議紀要，這份會議紀要與他以前看到的同類文件大不一樣，除了一些簡短的會議介紹之外，幾乎全部是一張滿滿當當的表格，那些詳細而繁瑣的表格和資料令阿哲頭痛不已。而上司規定，他必須在兩天內完成全部資料的統計匯總並做成書面報告，然後經主管部門的評審人評審合格並簽字確認後，交至監控考核處，作為完成全部工作的依據。

阿哲明白這項工作直接關係自己的前途，所以加緊統計，但照這個進度算下來還是不能確保在規定的期限完成工作。於是，他敷衍了事，想蒙混過關。「紙包不住火」，此事還是被主管發現了，受到了處分。就是因為這件事，阿哲後來始終沒有獲得晉升。

當工作遇到困難時，更容不得馬虎，在棘手問題面前能從實際情況出發，認真分析、做出果斷決策的人，自然會成為工作表現優異的典範；而那些拿不定主意，不切實際地空發議論，馬馬虎虎的人只能被用作反面教材，晉升對於他們簡直是太遙遠了。

對於一部分員工來說，他們工作馬虎的一個重要原因是對自己的工作任務不滿意。這種員工必須端正心態，懂得強迫自己去做自己不喜歡或不感興趣的事情，並做得好，這才是晉升的唯一途徑。所以，從現在開始，就要培養樂於接受各種工作的習慣，尤其是那些其他同事所不願意做的工作。這樣，主管會認為你是一位努力工作的人，他對你的依賴，就等於把你更進一步地推向晉升的道路了；反之，如果走上工作職位僅憑自己的興趣做事，對主管吩咐的不喜歡做的工作不做或馬虎應付，總會栽跟頭的。這裡有正反兩方面的例子：

佩珊從某知名大學中文系畢業後，就到一家出版社工作，她一心想做一番大事業。可一開始，主管只分配她校對文稿，這也是有意鍛鍊她的耐心與毅力，可是她卻認為是大材小用，提不起精神來，對工作毫不認真，經手校對的文稿錯誤百出。主管認為，連文稿都校對不好，還能做什麼重要的工作呢？於是辭退了佩珊。

與佩珊相反，靜宜碩士畢業後到一個政策理論研究機構工作，一開始主管要她做內部刊物的排版、校對工作，負責雜七雜八的事情。熟悉她的人都覺得是浪費人才，可她每天卻抱著極大的熱情去上班，認為做排版也是需要學問的，甚至校對文稿也並不容易，兢兢業業。有時為了趕刊物出版時間，連星期天都加班。而且，還主動分擔一些理論研究工作，文章寫得非常有深度，她的才能與品行很快就得到了主管的賞識，不到兩年，已經成為機構的骨幹，並被提升為該刊物的實際負責人。

職場新貴致勝心法

對於追求晉升的人來說，做好一些「小事」，本身就是磨煉和培養。再說，在一個公司中，工作只有分工的不同，沒有大小之分。有時候，一些看起來不值一提的小事，如果做不好，釀成大錯，反而更影響大局。例如接電話、發傳真、列印檔案等等，如果沒有實實在在的工作態度，一不小心就會造成嚴重的損失。

像毛毛蟲一樣工作著

約翰．法伯是法國偉大的自然科學家，他曾利用毛毛蟲做了一次不尋常的實驗。這種毛毛蟲有一種「跟隨者」的習性，總是盲目地跟著前面的毛毛蟲走，有時候也叫牠們遊行毛毛蟲。

法伯把若干個毛毛蟲放在一只花盆的邊緣上，首尾相接，圍成一圈；花盆周圍不到六英寸的地方，放了一些松針，這是毛毛蟲喜歡的食物。毛毛蟲開始繞著花盆遊行，牠們一圈又一圈地走，一個小時又一個小時過去了，一天又一天過去了，一連七天七夜，牠們一直圍著花盆團團轉。最後，終於因饑餓而精疲力竭死去了。在不到六寸遠的地方就有很豐富的食物在等著，可是牠們卻饑餓致死。這其中，只要任何一隻毛毛蟲稍微與眾不同，便立即會過上更好的生活（吃松針）。

如果自己沒有確定的目標，只是盲目跟隨他人，那麼，這樣的員工就和毛毛蟲一樣，只有從豐富的工作中步入那單調的圓圈，最後通向死亡。

職場中總有一些員工像毛毛蟲一樣工作著，他們不是把時間和精力用在學習和提高工作效率上，注意獨立思考和創新，而是隨波逐流，趨炎附勢，沒有絲毫的主見。

一家大型通訊公司有一次遇到所管轄的通訊地段突降暴雪，電話線上結了厚厚的冰，而且在風雪中搖搖欲墜，對正常通訊造成了極大的威脅。

公司高層雖然經過多次研究，仍然沒有拿出一個切實可行的方案。負責檢修線路的工人沃爾夫突發奇想：「或許，能用直升機向下噴熱氣的方式使冰融化。」他立刻把這一想法大膽地提了出來。但是，他的主管和同事認為連決策層都不能輕易解決的問題，一個普通工人一定是無法解決的。他平時的好朋友更是滿臉的不屑，笑他道：「別異想天開啦！哼，這一定是不行的！」

沃爾夫並沒有因此而沮喪退縮，堅持把自己的觀點呈報給決策層。出人意料的是，他的建議不但被採納，而且大獲成功。沃爾夫因此很快晉升為主管。

不同意見的出現對企業來說是件好事，它能強化大家的獨立思考能力，激發出許多創意，幫助企業突破困境，為企業帶來轉機，創造機會。而人云亦云、毫無主見、牆頭草隨風倒的人，永遠只能成為追隨者，無法擔當重任。對於毫無主見的人來說，即便好運真的來了，也會因自己搖擺不定、不敢堅持己見而錯失良機。

職場新貴致勝心法

能夠賦予一個人思想、靈魂乃至個性的，只有他自己。只有自己才是自己的創造者。

人云亦云，毫無主見的員工，缺乏自信，不知道自己的職責所在，這樣的員工怎麼會晉升、晉級呢？

只會動嘴的人

大多數老闆最痛恨的就是只會說不去做的員工，他們把這些員工視為自己公司的「一鍋湯裡的老鼠屎」。的確，在員工群體中，大概常有這樣的人：幾乎沒有他們不知道的事，他們有說不完的話，即使工作時間，也見人就說。所以，他們企圖「用嘴皮子做事」。這種員工幾乎成了「辦公室團隊病毒的傳播者」，被老闆視為「害群之馬」。

這樣的員工，不管是老闆想到的、沒想到的，看到的、沒看到的，知道的、不知道的，到了他們嘴裡，全是有鼻子有眼、有枝有葉，所謂「見風就是雨」，嘴皮子比誰都動得多，事情卻做不好或無法按照計畫完成。

相信沒有任何一個老闆喜歡和一個絮絮叨叨、嘴大舌長的人相處。再說，太多的牢騷只能證明一個人缺乏能力，無法解決問題，才會將一切不順利歸咎於種種客觀因素。在上司眼中，只能被當成做事缺乏主動性、積極性，不足以託付重任的典型。

佳玲是一家電腦公司的職員，長得漂亮，心眼也不壞，可就是太囉嗦，說話嘮嘮叨叨，一說起來就忘了工作。

她一到辦公室，別的同事就別想安寧。不管別人搭不搭理，她照樣要說；不管誰說話，她一定要插嘴，哪怕話題毫不相干。不到一個禮拜，同事們已被迫熟悉了她家的光榮歷史以及她從小到大的成長歷程，雖然不愛聽，可又不能塞上耳朵。

本來辦公室內氣氛融洽，工作的同時，還不時有人妙語連珠，工作閒聊兩不耽誤。可自從佳玲來了之後，慢慢地風氣大變，同事間竟然到了彼此不敢交談的地步。她說話越多別人就越沉默，聊天時生怕被老闆撞上扣獎金。

要是她經常說：「唉！最近我老公對我很冷淡！」那倒不太可怕，但是，她說著說著就扯到別人的家事上，而且頭頭是道。更令同事們無法接受的，是隨著她說得越來越多，辦公室裡的謠言也隨之而起，同事間關係變得十分微妙，因為她總有一些「悄悄話」和「內部消息」在這個耳邊說完後，又到那個耳邊去說。

對工作的牢騷更是不用說了，她總是見人就嘮叨起來：「我跟你說，不是我在吃醋，昨天業務部那邊的小李升遷了，他當初考績沒我好。真不知道老闆在做什麼？」

每當大家一起開會討論事情時，她也總是提出很多建議，但每次建議定案了後，她卻不去執行。當主管問起為什麼不執行時，總有說不完的理由。

後來，佳玲被老闆客客氣氣地辭退了。對於這種影響團隊士氣的員工，老闆從來不缺乏處理的手段。

工作中的困難是普遍存在的，誰的工作沒有困難呢？沒必要將困難掛在嘴上，似乎不說出來別人就不能理解你工作的難度和價值。老闆永遠欣賞那些善於獨立解決問題、自我解決困難的員工。

同樣，工作上有了成績的時候也要保持低調，不要自我吹噓，沾沾自喜，更不要美化和抬高自己，自恃有功而輕視他人。

那些深受老闆信任和器重的員工，注意的是如何去「做」，而不是空談理論，紙上談兵。即使是平凡的事，也從不拒絕。願意每天積極地去做掃地、裝水、取報紙、倒垃圾等日常事務性工作。是否樂於去做這些小事，有時恰恰反映了一個人的敬業精神和思想情操。

那些只想用嘴做事的人所不願承擔的工作，正是積極、主動的員工經常考驗自己能力的工作。

與管理員工的「手」相比，管理他們的「嘴」要困難得多，所以，老闆更喜歡動手做事的員工，而不會提拔用嘴皮子做事的員工。兩者之間的差異不僅僅在於表面，更在於他們內在的敬業、忠誠的工作態度相差千里。

職場新貴致勝心法

在職場中，那些誇誇其談、眼高手低的員工；那些說得多、做得少的員工；那些只說不做，卻又對別人說三道四的員工，將難以得到提拔和晉升。少說多做或者只做不說，不過分張揚，注重實幹精神的人，走到哪裡都能受到歡迎。

缺乏適應能力

有一個毋庸置疑的事實，那就是老闆不會為了個人，大幅改變公司的制度和計畫。如果員工不想放棄目前這份工作，就別無選擇地要去主動適應公司的制度和工作環境，而不是等公司和老闆來適應你，更不能坐等晉升的機會來找你！

適應能力是考察一個員工是否稱職的一個重要指標，缺乏適應能力，融入不了公司環境，又如何談得上做出成績。

適應是一個學習的過程，沒有人生來就什麼都懂，什麼事都會，每個有輝煌成就的人，都是在不斷適應中豐富和成長起來的。同時，適應是沒有終點的，只要有生命存在，就要不斷面對挑戰。即使是小有成就，但如果放棄了在適應之旅中繼續前進，那麼，終將被激烈的競爭和日新月異的時代所淘汰。

當然，職場上的適應，絕不是消極地認命或逆來順受，聰明的人會在不同的職位上汲取更多的營養價值，習慣於和各種不同類型的上司、同事和客戶打交道，並在任何一個新的工作環境下都能做出非凡的績效來，這才是真正意義上的適應，也是一個出色員工步入成功必須具備的能力。而一個隨遇而安的人，只能一輩子守著眼前的一切，即使有機遇從他眼前走過，他也熟視無睹。

吳建國在學校時就是班上的高材生，在進入職場後，常常恃才傲物，個性強硬，不能適應工作環境。

當時，和他一起進入公司的還有楊家良。楊家良也一樣非常優秀，他在辦公室裡看到身邊的人都很樸實地工作，上司卻是個善於妒嫉的人，於是就收斂光芒，默默耕耘，連喜歡抽菸的毛病也因辦公室無人抽菸而戒掉了，空閒時間則主動熱情地和同事互動，於是很快就贏得了同事和上司的喜愛。

到年終評選優秀員工的獎勵大會上，由於楊家良的優異工作表現和同事的支持，他受到了表彰，吳建國雖然非常努力工作，甚至績效比楊家良還好，可是由於同事背地裡對他有埋怨，上司不喜歡他等等，在評選會上一票也沒得到，好業績卻得不到表彰。

吳建國認為自己不受重視，英雄無用武之地，斷然辭職而去。離開這家公司後，待了幾個地方，仍沒有找到滿意的工作，為此深感懊惱。

正如波音公司董事會主席雷茲對波音公司的全體員工所說的那樣：「很多事實證明，在多層次上具有適應能力，並在適應的過程中能夠發揚光大的人，才是一個最出色的也是值得重用的人！」

職場新貴致勝心法

適應不是輕而易舉的，它往往是一個艱難的過程，因為要適應，就必須有改變。只有拋卻主觀上的感情和其他方面的阻礙，才會做到真正的適應。那些缺乏適應能力的員工，必定在競爭中敗下陣來。

提不出自己的創意

在新的經濟時代，創新是企業的生存之本。就企業而言，廣大員工的創新才是企業創新的源泉。有智慧的領導者都非常注重員工的創新思維，積極鼓勵員工提高自己的創新意識。所以，沒有創意也是員工晉升的限制之一。

我們都知道，一個好的創意，可以幫助一個瀕臨破產的企業起死回生，能使一個名不見經傳的公司名聲大噪，也能使一個成功的企業擴大戰果，再創輝煌。所以，每個公司的老闆都很重視創意的培養，將創意當成衡量一個員工是否能夠晉升的重要標準。自然，那些提不出自己的創意，人云亦云的員工，既然不能為公司創造出良好的效益，也就只能成為老闆的眼中「釘」了。

善於獨立思考的員工，由於長期習慣於對事物提出自己的看法，所以對世界的體驗，往往比那些走馬看花的人要豐富而深刻。

「老闆這麼交代的，照著做就是了。」表面上看，這想法無可非議，但長久下來，必然原地踏步。

當老闆把一份工作交給你的時候，你有沒有仔細地考慮過為什麼交給你，有沒有考慮過這項任務的性質，有沒有考慮過怎樣完成這項任務才更能滿足公司的要求？還是你根本想都沒想，只是被動地接受主管交付的任務呢？恐怕大多數人的答案都是後者，常常只是奉命當差，做完了事。

機器就可以忠實地執行命令，只有人才有創造性，若你同一個被人敲打的鍵盤沒什麼區別，那麼你的可替代性就很強，只不過是一個標準型號的機器而已。

廠長請阿輝就第一季度的廠務工作寫份報告，並且囑咐說「越詳細越好」。阿輝光調查情況就花了一個星期，他把九十天的工作事項鉅細靡遺地條列出來。廠長看了洋洋灑灑萬字的報告，頓時火冒三丈。原來，廠長的意思是上級要來督察，上季度工作面變動比較多，舉凡產品品質、更新設備，甚至在工廠的福利待遇和環境衛生方面都做了大幅改善，他希望歸納得詳細一些。可是阿輝記錄的卻盡是廠長開了幾次會，副廠長出了幾趟差，廠裡有幾次聚餐。廠長面對這份報告怎麼能滿意呢？其實，阿輝這已經不是第一次犯這種錯誤了，工作中沒有自己的創意，主管說什麼他就做什麼。所幸這一次並沒有造成什麼損失。可是，阿輝如果繼續這樣下去，前途也就可想而知了。

我們必須明白，創新精神是靠自己在實踐過程中不斷積累昇華的。平時工作中的一點一滴，都可能孕育創新的種子。

如果你的老闆正為某件棘手的事情眉頭緊鎖，你是看在眼裡然後置之不理，還是適當的時候提出自己的創意，為老闆分憂，為公司解危呢？對於老闆而言，當然期望自己的員工都能提出「金點子」。畢竟老闆只有一個腦袋，考慮問題總不如多幾個人來得全面周到。如果你能時常給老闆出謀劃策，提出富有創意的建議，遲早會得到老闆的信任和賞識，那麼離升遷之路也就不遠了。那些在老闆最需要的時候提不出自己的創意，或者只會出餿主意的員工，在老闆眼中的地位只能節節下降，長此以往，由於無法為公司創造效益和利潤，而受盡冷落。

每個人都應具備創造思考的能力，其實我們身邊也有無數值得去發現的好創意。創意需要想像和聯想，需要思考，只有具備觀察力與敏感性才能獲得它。當然，獨特創意的產生並不是天賦優異的人或專家的專利，只要保持積極的態度，每個人都可以做到。反之，如果你抱持著悲觀態度，創意便會遭到扼殺。

那些毫無創意的員工，之所以提不出建設性的意見，並不是天賦差，而是有很多主觀方面的原因：

1. 對自己的企業了解不夠，提不出創新意見

盲目地發言會使老闆失去信任。一個想要有所成就的員工，不僅應該對自己的工作環境和工作任務非常熟悉，而且要熟悉企業的經營戰略和發展規劃。由於企業生存環境不斷變化，企業的戰略及規劃也要根據環境的變化而改變，所以如果不主動獲取這些變化的資訊，終將落後於公司的發展。一個跟不上企業發展的員工，即使提出了建議，也是沒有多大價值和實際意義的。

2. 缺乏開發創新思維的勇氣和膽識

因為員工的創新建議畢竟有很大一部分是不切實際的，有些人就因為這一點而不敢向老闆提出好建議。實際上，即使是管理者的創新想法，同樣也有相當一部分是不切實際

的。理解了這一點，員工也就不用擔心提出的建議因為不切實際而被老闆笑話了。如果十條建議中有一條或兩條是有價值的，那這一點創新火花就足以使企業保持發展的活力。但是，如果連提出建議的勇氣也沒有，那無疑是自斷前程。

3.不留心觀察和審視工作的內容和環境，難以發現需要馬上解決的問題

只有經常思考如何使工作更具效率，獲得可行方案的機率才會較高。如果一個員工總是馬馬虎虎，沒有一點敬業精神，他又怎麼能信手就提出有創意的建議呢？

職場新貴致勝心法

創新的過程就是探索的過程，其間充滿了未知和各種各樣的變數。但是，絕不能由於太多的不確定而輕易罷手，因為連自己都沒有自信的創意，如何能說服老闆和主管，使他們相信這樣的創意是值得一聽、值得一試的呢？所以，信心對於提高創意的成功率是至關重要的，沒有信心，包括創意在內的一切都不存在。沒有自信去創新的員工，跟不上企業的步伐，這樣的員工將是職場敗將。

不能為老闆想辦法

在企業裡，大多數人不懂得為老闆出主意，他們總是被老闆冷落，更別提獲得老闆的青睞。其實，聰明的老闆不會一葉蔽目，不見泰山，他們很重視員工提出的意見和建議。同時，老闆也知道自己不是萬能的，會遇到困難和失誤，這時候，那些能夠為老闆提出好的建議和意見，並幫老闆解燃眉之急的員工，怎能不吃香？也就是說，關鍵時刻，不能為老闆想辦法的員工，自然永遠也不會獲得老闆的賞識，只能接受平庸的職位。

在職場中，與老闆打交道時，那種能引起老闆重視的「關鍵時刻」常常存在。老闆去見重要的客戶，洽談對公司的生存與發展至關重要的業務時，難免偶有思維「停滯」或語言誤差，若員工能適當地提醒，一定會令老闆感激不盡；在很重要的會議上或其他場合，老闆一時忘記某些資訊或言行舉止有失得體，員工關鍵的提醒，給老闆一個順梯而下和及時糾正的機會，可能會消除老闆不必要的難堪和尷尬。

別認為這些無足輕重，從根本上說，這也是在為老闆想辦法，是為老闆排憂解難。一個能為老闆想辦法的員工，必會得到老闆的器重。而那些在關鍵時刻不能為老闆想辦法的員工，甚至逃避責任的員工，永遠只能停在原位。

有一家進出口貿易公司，由於資金周轉困難，員工薪資開始告急，大家紛紛跳槽。該公司有兩位業務主管——小張和小郭，兩個人是同一所學校畢業，又同時進公司，所以感情一直不錯。看到公司目前的境況，小郭就拉小張一起辭職。可是，小張沒有走，反而勸說小郭留下來，而且表明要幫助老闆重振公司的輝煌。小郭不聽，以父親病危為藉口離開了公司。

小郭走後，小張勸說消沉的老闆振作起來。在小張的努力下，為公司談成了一筆很大的服裝業務，拿到一千萬美元的訂單，公司終於有了起色。這時小張自然受到了老闆的青睞，被提拔為自己的左右手。而在外頭沒有找到合適工作的小郭也想回來公司，對老闆說他父親的病已經好了，希望繼續在公司做事。老闆沒有責備他，只是說回來了就好，但是要他從一名普通職員做起。小郭嘴上答應著，一出公司大門就再也沒有回頭。

在職場中做事，不僅要用雙手，更重要的是要用腦子，時刻想著怎樣能為老闆或上司想出排憂解難的「招術」來，那樣，仕途必定一片光明；反之，只知埋頭苦幹，而不懂得為老闆或上司「想辦法」的員工，除非有複雜的背景，否則恐怕與高階職位無緣了。

職場新貴致勝心法

誰都難保自己不會處在各種各樣的困境之中，關鍵時刻的好主意，對陷入困境的老闆來說，無疑是一根救命的稻草。對員工來說，也是一種信念、表態、能力和情感的重要考驗。那些不具備忠誠和敬業精神的員工，在老闆本身或事業陷入困境時，躲之唯恐不及，生怕承擔責任。這樣的員工，老闆怎麼會提拔他呢？

自我設限的「爬蚤」

有一些員工，總是感覺自己做什麼都不成，沒有目標，不知道如何為自己定位，久而久之，工作毫無進展，績效沒有突破。他們沒有進取心，自我設限，這樣的員工是不可能得到晉升的。

有一項著名的跳蚤實驗給了人們無數啟示。把跳蚤放在桌上，一拍桌子，跳蚤迅即跳起，跳起高度均在其身高的一百倍以上，堪稱世界上跳得最高的動物！然後將跳蚤用一個玻璃罩罩住，再讓牠跳；這一次跳蚤碰到了罩頂。連續多次後，跳蚤再也跳不到罩頂的高度。接下來逐漸降低玻璃罩的高度，跳蚤都在碰壁後主動改變自己的高度。當玻璃罩接近桌面時，跳蚤已無法再跳了。最後把玻璃罩打開，再拍桌子，跳蚤仍然不會跳，變成「爬蚤」了。

跳蚤變成「爬蚤」，並非牠已喪失了跳躍的能力，而是由於已經適應了自己調整的高度，習慣了，麻木了。最可悲之處就在於，實際上玻璃罩已經不存在，牠卻連「再試一次」的勇氣都沒有。因為玻璃罩已經罩在了潛意識裡，形成了一種思維定勢。行動的欲望和潛能被自己扼殺！科學家把這種現象叫做「自我設限」。

其實在很多企業，像跳蚤變「爬蚤」的員工不在少數，天天都在原地不停地爬著。顯然，如果將這種思維定勢帶到工作中，必然是對工作喪失信心，沒有目標，辦公室裡的「爬蚤」，不但自己不能前進，還影響團隊的整體實力。

一家國際知名企業在徵才中對應徵者出了這麼一道題：「就你目前的水準，你認為十年後，自己的月薪應該是多少？你理想的月薪應該是多少？」

結果，那些回答數目較高的應徵者被錄用。主試者解釋說：「一個人對自己十年後月薪的評估，從某種程度上反映了他對自己的學習、前進的步伐抱有的態度。那些害怕自己走不出現在的圈子，甚至做得還不如現在好的員工，在工作中往往沒什麼激情，容易把自己設限在薪資能夠養家糊口就行，做一天和尚撞一天鐘的泥坑之中。他對自己的未來都沒有信心，我們又怎能對他有信心？」

方法雖然可能有些偏激，但是至少說明了老闆們對自我設限的否定。缺乏自信和幹勁的員工，只能被拒之門外。

有一位耶魯大學的畢業生，他所從事的工作令人感到十分意外──他竟當了十幾年的搬運工人！

他的理由是：「這麼多年來，我已經把學過的那些東西忘得差不多了，而且沒有什麼經驗，誰還會要我呢？」於是他一直在當搬運工人，因為這至少夠他吃喝。但天不遂人意，在公司由於經營方面的原因開始裁減員工時，這位大學生首當其衝，連搬運工都做不成了。

老闆在談及裁他的理由時，說：「像這種有吃有喝就滿足了的人，根本創造不了什麼大的價值，他的存在與否，對公司無足輕重。」

「知足者常樂」往往被作為失去前進動力、自我設限的藉口。不管它在教導人們安慰自己時起過多大作用，然而，作為老闆們，誰希望自己的員工淺嘗輒止、不思進取？所謂「不進則退」，對於這樣的員工，老闆當然不會為他加薪，更不用說晉升了。

不自我設限的人雖然不一定成功，但是可以肯定，有抱負並且努力去追求的人，一定比那些不思進取混「糊口」的人更容易成功，更容易成就一番事業。日本新力公司國外部部長卯木肇說過：「傑出人士與平庸之輩最根本的差別，並不在於天賦，也不在於機遇，而在於誰能衝出人為的限制！」這也是新力公司挑選員工時的一條準則，在充滿活力的新力公司，找不到一個自暴自棄、自我設限的員工。

契訶夫的名篇《小公務員之死》講了這樣一個故事：小公務員在劇院看戲時無意間打了個噴嚏，這時他看到坐在前面的將軍拿起手帕擦了下脖子，並向後面望了一眼，就開始惴惴不安，認為將軍看到了自己，並對自己心生不滿，於是他一再向將軍道歉。將軍本來已表示沒有關係，但他仍十分在意，以致弄得將軍無法看戲，氣沖沖地走了。他更加害怕，又登門道歉，將軍被他弄得怒氣衝天，最後將他趕出了門，他一路又驚又怕，回到家躺在沙發上給嚇死了。

雖然這是小說裡的故事，但是在現實生活中，這樣自我設限的的確不少。所以，追求晉升會令許多自然瀟灑的人變得瞻前顧後，過分地拘謹，從而在自我設限中一無所獲。

職場新貴致勝心法

一個自我設限的員工，經不起任何一點挑戰，這樣的員工，又怎能做好工作呢？如果這種自我設限成了做好工作的障礙時，老闆可不會提拔那些績效平平的員工。

第3種員工
違背職場遊戲規則

NO!

做誰的和尚就撞誰的鐘

自甘墮落，拒絕創新

違背職場遊戲規則

品德低劣，搬弄是非

眼裡沒有上司

永遠都在找藉口

不珍惜時間與財物

缺乏團隊精神

愛出風頭

職場中有一個事實，愛出風頭的員工總是得不到老闆重視，反而踏踏實實做出成績和效益的員工是老闆們的鍾愛。特別是那些初涉職場就急不可耐想鋒芒畢露的員工，往往會使人反感。

在人的潛意識中，都希望在人群中顯露才能和實力。初涉職場的人，更是盼望盡快得到他人的認可和刮目相看，因而處處表現自己，急於求成，凡事都要爭個「先手」，有時動不動還要來個「搶跑」。但是，這些過早地掀起和捲入競爭的員工，也會造成某些潛在的被動。

那些喜歡處處表現的員工，無形中將自己放在一個較高的起點和定位上。這樣老闆和同事很容易產生一種印象，認為他應該要比別人強，比別人做得出色。一旦他發生錯漏和失誤，不但得不到諒解，反而使老闆覺得這個人過於爭強好勝，自高自大，原本年輕有為的形象一夕幻滅。

更重要的是，當面對和自己有著實際利益衝突的人時，如果過分的表現，會捲入晉升之爭。晉升之爭存在的一個普遍規律便是淘汰制，透過不斷淘汰來實現金字塔式的職位升遷。過早地進入這個程序，就意味著有可能過早地遭到淘汰。況且有時候淘汰可能是一種機遇和運氣，有時是老闆為調整團隊組合而做的一種權宜的矯正，甚或是一種不公平、不光彩的利益交換。因過分表現而捲入晉升之爭，很可能會成為無辜的犧牲品。

那些愛處處表現的員工，往往並沒有厚積薄發的底牌，卻將其悉數亮出來，他不明白「好話不可說盡，力氣不可用盡，才華不可露盡」的道理，等到需要他施展的時候，卻拿不出一點可用之物來，老闆只能認為其不過如此而已。既然如此，他還奢望這樣的員工在公司裡有什麼更大的發展嗎？

容易晉升的員工，往往並不是將自己全盤表現出來，而是捕捉機會，該表現時才出手。事實證明，最終的成功者，是「後發」之人。這樣的人平日腳踏實地，而每有進步與發展，都使老闆歷歷在目，視為有發展潛力。日後隨著時間的推移，他的進步被老闆和眾人看在眼裡，記在心裡，認定是可塑之材，那麼他得到晉升的機會更多。同時，這樣的員工容易被同事所接受，能透過拓展人際關係推動自己的事業進步。而且他們有時間慢慢積累起晉升的資本，打牢根基。所謂厚積薄發，常常會取得不鳴則已、一鳴驚人的效果，使老闆不得不令眼相看，倍加讚賞。

敢於證明自己的價值固然勇氣可嘉，但是，關鍵還得注意表現的時機，如果一個人時時處處都有推銷展示自己的欲望，那麼取得的效果必定適得其反。上司、同事很可能因其自吹自擂，而忽視了他的其他長處。而且，在任何場合都過分突出自己的人，必然忽略他人的感受，給人不懂尊重他人的壞印象，從而引發反感和敵對。尤其是初涉職場的年輕人，更要注意謙虛謹慎，要致力於在工作中顯露自己的才幹，而不要以過分的表現來炫耀自己。

林正義是個朝氣蓬勃的青年，任職於一家外貿公司，雖然只是一個小職員，但他胸懷抱負，老早就盯上頂頭主管的位置，喜歡處處表現。剛好這幾天大家都聽說主管要調動，誰來坐主管的位置成了大家關注的焦點。

林正義在與同事的談話中明顯流露出對主管位置的渴望，大談如果自己是主管會把公司管理得如何如何。同事們只笑不答，林正義更加得意，自以為那個老實沉默的主管早就該下台而讓他來坐這個位置了！

有一天主管正好要拜見一位非常重要的客戶，洽談一項利潤可觀的生意。主管想到林正義平時表達能力很強，工作水準也可以，就帶著他去了。誰料到，客戶剛出來迎接，林正義就搶先一步去和人家握手；本來應該主管說的一些話，林正義已經以主管的姿態說了出來；當主管正和客戶聊到興頭上時，林正義插了一嘴後就沒讓主管再說上話……林正義以為自己出盡了風頭，在客戶面前將主管的能力比了下去。而主管也沒想到林正義竟然有這樣的表現，雖然怒火中燒，但依然沒有說什麼。

幾天後，主管果然調動了位置，但不是降職而是升為經理。同時，人資部也找到林正義，請他自行離職。原來那個大客戶從林正義的表現質疑公司誠信，一個不尊重上司、誇誇其談的人，令這個大客戶對整個公司產生了懷疑。林正義離職後才知道，這個大客戶並沒有丟，是原來的主管在升到經理之前，用一次誠懇的談話挽回了這份業務。林正義這才明白什麼是真正的能力，什麼是真正的表現。

那些喜歡處處表現的員工，總認為自己的能力比別人強，自己是單位的頂梁柱，是老闆的得力助手，所以處處擺出一副捨我其誰的架勢，以為別人都是他的陪襯，似乎公司沒有他就要倒閉。事實上，在我們身邊，能力再強的人也有弱點，能力再弱的人也有優點。從這個意義上說，每一個人都是可用之人。因此，誰也沒有理由在同事面前過度張狂，自吹自擂。

我們承認，自我表現是人類高層次的需求，也是實現自身價值的一種形式。但這種自我表現一定要以不損害他人利益、不傷害別人的自尊心為前提。否則，過分的自我表現就是一種扭曲的、不健康的自我陶醉或自我發洩。這種表現欲越強，別人的反感就越強烈。

在日常工作中，有的人一點都不懂得「大智若愚、大巧若拙」的道理，處處急於表現自己，似乎什麼事都想插一手。事實上，這種急於表現的欲望來自內心深處的驕橫或盲目。驕橫的人往往不可一世，覺得自己無人能比，而這種急切的自我表現，又恰恰是別人觀察其弱點的最好切入點。強烈的表現欲，有時也反映了待人處世上的盲目性。一個理智的、頭腦清醒的人，絕不會在不該表現時表現。

喜歡處處表現自己的人，往往又是喜歡誇大的人。比如，當主管交辦一項工作時，喜歡誇大的人會馬上表態：「沒問題」、「包在我身上」。這種人往往忽略了集體的力量，不懂得只有融於集體之中，才能充分發揮個人的聰明才智。那些不負責任的承諾，往往根本變不成現實。這樣的員工，只會誤事，老闆絕對不敢對他們抱有希望。

職場新貴致勝心法

作為老闆，他們有自己的用人標準和觀人眼光。如果那些處處表現自己的員工擾亂了公司的正常工作秩序，造成人際關係的緊張，從而影響了工作效率，那麼，這樣的員工就不能給他晉升的機會，因為老闆們是不會提拔絕大多數員工都不喜歡的人的。

渙散無紀律性

員工制度中最為人熟知的，無疑是類似「嚴禁遲到早退」的條款。遵守時間不僅是對公司制度的肯定，更是一種美德。關於準時有一句名言：「沒有什麼比守時能更快地激起一位老闆的信任感，也沒有哪種習慣比總是拖延時間更快地削弱自己的聲譽。」

然而，不管制度如何明確，現實中總有一些員工，養成了不守時的不良習慣。上班遲到、下班早退，對工作持敷衍了事的態度，無視公司制度。這樣的員工，即使能力再強又如何，老闆怎麼會重用呢？

除了遲到早退，自由散漫型員工最突出的表現，就是有事無事請事假，有病無病請病假。

莉莉愛耍些小聰明蒙蔽老闆。一碰上頭痛腦熱的小毛病就裝作痛苦不堪，找老闆請假，遇上男朋友約會或辦點私事什麼的，更是找藉口請假不上班，每次理由總是十分充足。老闆雖然很懷疑，又無證據。

一次，莉莉又撒謊說奶奶去世了，要回老家一個禮拜。結果，七天後莉莉返回公司時卻遭解雇。原來莉莉與男友出國去玩了，以為無人知曉，不料，老闆的一個朋友也在該旅行團中，認識莉莉，莉莉卻不認識對方。若要人不知，除非己莫為，老闆不是傻子，謊言總有一天會露餡的，這也將成為這些員工無法晉升的重要原因之一。

考勤不合格，是一種不敬業的表現。對於這樣的員工，即使再有才能，老闆也不會輕易提拔重用。老闆們可不想給其他員工留下口實，落一個用人不當的話柄。否則，既然考勤不合格也能晉升，其他員工又何必規規矩矩地埋頭苦幹呢？

更令老闆難以忍受的，是那些先斬後奏的自由主義者。請假對上班族而言，是常有的事情。但是請假按規定必須事先向單位主管遞假單，待獲得允許後，員工才能離開工作崗位。那些經常事後補假的員工，無視老闆的存在而自行其是。這樣的人，老闆必定不會重視，因為重視是雙向的。請假的方式和頻率，往往也成為公司評價員工的重要依據。公司將以此評定一個人的工作態度，進而直接影響到員工的考核成績。

公司和老闆依靠員工們的工作而創造利潤。經常遲到不僅會影響工作的完成時效，也會對守時的員工帶來不良影響。

怡琳習慣遲到，她總能證明自己有理。新上任的老闆老郭提醒了她好多次，但收到的效果並不明顯。有一次，星期五早上早已過了九點，怡琳還沒露面。正在老郭準備給她記上一次曠職時，她打來電話，煞有其事地說道：「我覺得不舒服，你可不可以讓我今天請假待在家裡？」如果不是她一直在星期五與星期一請病假，或許老郭會相信她。老郭一上任，就聽說怡琳比其他員工常多放三天的週末假期，其他員工早在心裡恨得牙癢癢的。

星期一，怡琳破天荒地早到，她來到老郭的辦公室說：「上個星期五我沒有來真的很抱歉。我生病了，現在還因為吃藥的副作用而感到虛弱。」老郭只是說希望她早日康復。當她離開辦公室後，他將她的檔案拿來出來看。她老是在星期五或星期一生病，老郭實在不知道她到底是真的生病，還是只想要週末連放三天假，決定好好問問她到底是怎麼回事。

他先請怡琳到辦公室私下談談。此次會談的任務便是探查她是否真的生病。他簡短地提出她請病假的天數和數字，客氣地請她解釋理由，仔細聽她怎麼說。

然而，怡琳並沒有解釋，老郭斷定她一直濫用病假。如果是別的員工要請假，老郭或許會簡單說明病假應留在真正生病時使用，明確告訴她不要隨便請病假，並要求她在真的生病時拿出醫院的證明。可是，對於怡琳這樣將請病假當成家常便飯，工作態度自由散漫的員工，他不再多說什麼，直接要她離職。

有些員工自由散漫的原因，是因為對工作本身沒有興趣，或個人能力達不到工作要求，工作變成了壓力。遇到這樣的員工，老闆應好好地和他交談，在指正他遲到的錯誤後，可盡量安排適合他興趣與能力的職位。當然，這種處理方法只是權宜之計，對於本性難移，對工作缺乏熱情的員工，老闆會讓他晉升嗎？

作為老闆，在責備員工經常遲到時，最好舉些實質的資料，例如本星期有多少天遲到，每次遲到的時間是多久，如何影響了工作進度等。因為確切的證據，可令對方感到你已十分重視他遲到的問題。如果對方提出合理解釋，你不妨以誠懇的態度協助他解決問題。

而對那些置老闆的提醒於不顧、依舊我行我素的員工，則要嚴肅地對待，應該按照公司的工作守則對其進行必要的處分。

職場新貴致勝心法

企業和老闆會根據情況，積極慎重地對待員工的考勤，對那些肆無忌憚地想請假就請假的員工，老闆會毫不猶豫地給予最差的評價。正所謂「國有國法，家有家規」，一個企業，只有切實貫徹並執行了一套合理的制度，才有成功的保障，而考勤制度則直接關係到最基層的員工，關係到他們的工作態度，所以必須認真對待。

怨天尤人，滿腹牢騷

民恩是一位心理醫生，他記得自己剛踏入這個行業的時候，還是個滿懷抱負的年輕人。然而兩年後，他發生了根本性的改變，昔日的雄心壯志煙消雲散，他甚至比前來諮詢的患者還要憤世嫉俗。他對現狀強烈不滿，覺得老闆給予的薪資與自己的付出不成比例，他在專業方面的訓練沒有得到重視，而且自己向主管提出的升職報告一直沒有答覆。

「再做下去還有什麼意思?從早到晚都在聽別人發牢騷，腦袋都快爆炸了，恨不得找個地方躲起來。政府的各種規定更是火上澆油，比如說，患者究竟要治療到什麼地步，居然是一群外行人在制定標準，他們對心理諮詢一竅不通，然而我還不得不遵循他們的標準去工作。」

民恩整天和同事發的牢騷，多次飛進了頂頭上司的耳朵裡。本打算在下半年的會議上通報民恩升為副主治醫師，然而就是因為民恩的怨天尤人、滿腹牢騷的工作態度而擱置了。

當民恩再次得知沒有晉升的原因時，他已經變成了一名典型的「工作倦怠」者，不僅不喜歡自己的工作，看到自己的上司好像巴不得想咬一口似的。不久後，民恩選擇了用自殺的方式離開了他的病人、他的工作、他的生命……

民恩的滿腹牢騷不僅阻礙了自己晉升的道路，就連生命都賠上了。雖然上述這個例子比較極端，但有一點是非常肯定的，那就是沒有人願意與抱怨不已的人為伍，職場中，很少有人脾氣壞又愛抱怨還能獲得提拔和獎勵。

在現實生活中，由於各種利益糾纏不清，各種壓力和不公平的待遇在所難免，所以人們難免發發牢騷，心理平衡一下，這有益於健康。但在工作中，常有一種員工，總以為老闆只是用「敬業」和「忠誠」來矇騙員工，認為這不過是老闆剝削員工的一種手段。他們不管做大事小事，都怨天尤人，滿腹牢騷。他們寧願抱怨和發牢騷，也不願將精力集中到工作上。他們對一切均採取「雞蛋裡面挑骨頭」的態度，什麼都行不通，處處潑冷水，常常以否定的語氣評論同事，以悲觀的語氣評價公司前景，彷彿大禍隨時就要來臨。

很多員工在遭受挫折與不公平待遇時，採取了消極對抗的態度。他們一方面希望得到別人的注意與同情，另一方面又在竭力掩飾自己的能力不足。於是，大發牢騷，以此來發洩不滿。然而，這種舉動不僅對事情沒幫助，反而會失去更多，老闆也很提防這樣的人。大多數老闆認為，這種員工不僅惹事生非，而且造成組織內彼此猜疑，影響團隊經營。所以，要成為一個成熟的職場人士，必須克服愛發牢騷的毛病，停止計較過去的事，不要再對自己遭到的不公正待遇耿耿於懷。

許多公司的老闆深受抱怨和發牢騷者的困擾，有的員工會因此與老闆爭吵，使本來的好事情產生了壞結果。

某工廠研發部門有位留學歸國的技術人員，工作積極，不怕髒累，而且韜略知識很扎實。為了收集第一手資料，每次大檢修期間，他都在機器設備內爬來爬去，詳細觀察記錄，嚴暑寒冬也不間斷。由於他的努力鑽研，在研發上取得了幾項成果，並且先後量產，獲得了顯著的經濟效益。

但是，這位員工有一個缺點，那就是性情過於強悍、率直，只要自己認為對的事情，便堅持到底、死不更改，即使面對主管也不例外。這樣自然就常碰釘子，造成心情的不快，有時為了排遣憂煩，他藉酒消愁，邀集二三朋友同學，邊喝邊聊，不用說，各種牢騷、憤懣之話，難免溢於言表，一來二去，當然也會傳到主管的耳朵裡去。這一來，他在主管心目中的形象欠佳，很快就被劃入「對主管、工作不滿，驕傲自滿，喪失原則」的行列，並從各方面阻擾他的工作，使他再想晉升已經是無門了。

作為公司的一分子，輕視及誹謗，發牢騷和抱怨不僅對公司不利還會傷害自己，與其浪費時間抱怨，不如想辦法努力工作，贏得老闆的認可；與其滿腹牢騷，不如改變一下自己的思維方式，提一些有建設性的意見。也只有這樣的員工，才能引起老闆的重視。

職場新貴致勝心法

抱怨和發牢騷不是改變老闆看法的辦法，只有艱苦努力才能夠改善環境。高貴品格的形成往往是在人們克服困難的過程中，而那些總是在抱怨和發牢騷的人，終其一生也無法培養真正的勇氣和堅毅的性格。對老闆而言，這種行為會影響公司的凝聚力，使機構內部互相猜忌，並且渙散團隊士氣，這樣的員工不會有晉升的機會。

不知進退，無法控制情緒

辦公室是個濃縮的社交圈，而辦公室政治的存在，更是要求同事間相處必須重視技巧。我們常常聽到不少人對怎樣處理好辦公室裡的人際關係感到棘手，抱怨甚多。其實，這主要是因為他們不懂得與人交往中的進退之道。這樣的員工常常也是原地踏步，得不到晉升。

與同事交往中不注意保持適當距離

同事之間由於觀念、文化、知識、性格等方面的差異，必然會影響到自身的處世態度和交際方式。如果同事之間距離太遠，處處存有戒心，不能有效溝通，必定很難在公司中得到認可和發展；相反的，如果同事之間交往過密，有時由於個性差異會發生摩擦，反而會損害彼此間的關係，同時還會遭其他同事猜忌。這兩種都將會影響到自己的職涯。

有些員工言談舉止沒有尺度，將辦公室當成表演的舞台，想說什麼說什麼。殊不知禍從口出，晉升的機會必定會減少。一方面同事當中不乏為了各自利益而相互詆毀的情況，自然存在著某些不切實際的言論，如果口無遮攔，就有可能被人利用而身受其害。另外，在別人面前道人長短，天下沒有不透風的牆，即使是無心之言，傳到當事者耳朵時可能早已被人添油加醋說得面目全非。如此一來自然被人記恨在心，傳到主管的耳朵裡，將為日後埋下禍根。

同事之間應該互相幫助，那些同事家裡有困難或急事就及時到場，積極協助解決的人，必定是一個工作上積極主動的員工。這樣的員工不僅會得到同事們的贊許，也會得到老闆的器重。即使是一些雞毛蒜皮的小事，他們也會主動幫忙。例如，同事的朋友打來電話而同事恰好不在，這時，他接到電話後，對可以轉告的內容會積極幫助轉告，對不宜轉告的內容，至少也會將有人來過電話的事主動告訴同事。這樣的員工，既不會因熱情過度而討人嫌，也不會令同事們感到冷漠，未來必定平步青雲。

喜歡在同事面前張狂自負

有些員工不懂得謙虛謹慎，致力於在公司裡顯露自己的才幹，企圖以張狂的表現來炫耀自己。這是典型的不知進退和不知深淺。

某機關的局長是個很平庸的人，除了玩弄權力沒有更強的能力。他手下的一位處長很有才華，業餘還堅持寫小說詩歌，小有名氣。但這位處長有一般文人的通病：不知謙虛，而且經常在局長跟前賣弄自己的才華，對局長還一臉瞧不起的樣子，傳聞他有取代局長位置的野心。後來，局長放出話來，說他的作品裡有不少性描寫，他的作品內容不健康，作品不健康當然就是心地不健康，有損於行政幹部的形象；而且，如果他沒有那些體驗，怎麼能描寫得那麼細緻？必定和別的女性有交往，這就是道德敗壞了。一個道德敗壞的人怎麼能身居領導崗位呢？局長終於找了一個機會，將其從處長降為一個不管事的科長。

鋒芒畢露者不容易受重用，其中一個十分重要的原因就是「功高蓋主」。這不僅使主子不高興，覺得自己的地位受到威脅，一有機會，就會把你踹下去。

控制不住自己的感情和衝動

同事間的爭吵不同於一般與家人和不共事的人爭吵，因為同事之間爭吵之後仍然要在一起共事，甚至要相互競爭，這種特別的關係，使得同事間的情感一旦產生裂縫就比較難以癒合，情感創傷也較難以平復。它將使同事間的人際關係產生動盪，不利於團隊經營，而這正是老闆最忌諱的。

然而，在日常工作中，這樣的員工大有人在。他們待人心存冷漠，勢必在言行舉止上表現出對同事的冷淡，這樣，同事間關係可想而知；如果頭腦發熱，就容易感情衝動，動不動跟同事發生衝突，也容易使某些道德欠佳的人抓住把柄落井下石。

同事之間，由於社會背景、文化素養、經濟實力以及個性、相貌方面的差異，是比較容易形成交往障礙的。這些管不住自己情緒的員工，無論同事的主、客觀條件孰優孰劣，都會大動干戈。所以，這些員工想升遷的話，一定要注意：不管人與人的差異有多大，但在人格上都要平等對待。

有些員工與同事相處時明顯地表現出趨炎附勢的態度，甚至為了一己之利而拉幫結派，這樣的員工勢必會遭到別的同事的反感，甚至憎恨。

克制自己的過程當然會令人難以忍受，但只要堅持到底，保持冷靜與沉著，收穫的將是團結和合作。如果不能做到這一點，失去的將是老闆的賞識。

控制情緒會提高工作績效，也能贏得同事的歡迎和老闆的賞識。一個不善控制情緒的員工，即使平日工作勤懇、業務熟練，也不會受到大家的歡迎。這樣的員工EQ（情商）太低，不善於管理、控制自己的情緒。而EQ正是考察一個員工綜合素養的重要依據。

職場新貴致勝心法

那些與同事保持良好關係的員工，即使偶爾在工作中有些小失誤，或是和別的同事發生摩擦，也容易得到老闆和同事們的原諒，因為他們會以日常的表現，給他一個客觀公正的評價，而不至於引發過多的負面情緒因素。老闆也應該認識到員工間人際關係的重要性。對於那些不知進退，影響團隊經營的員工，必須保持距離敬而遠之。

過分逢迎諂媚

有一句俗語叫：「千穿萬穿，馬屁不穿。」所以，一些平庸無能，卻精於此道的員工，在辦公室裡亂拍馬屁。馬屁一度被認為是生產力，想走捷徑的人的確得到了不少好處。問題在於，被拍慣了馬屁的上司，會提防拍馬屁者是否居心叵測，當你被老闆提防上了，那麼自然就得不到重用了。

在古代，有一個馬屁精，大王放了個屁，眾人皆心照不宣，這廝卻哪壺不開提哪壺，居然像剛剛品嚐了山珍海味似地讚不絕口：「忽聞大王貴體香氣噴薄而出，餘音繚繞，吾等奴才倍覺神清氣爽，實乃三生有幸，妙哉，善哉！」不料，大王沒被拍麻木，而是感到一陣肉麻。馬屁終被拍穿，馬屁精當場被殺。

在人身依附關係嚴密的封建社會，像那樣的逢迎諂媚之流或許還有一定市場，但在現代企業裡，效益是最高原則，逢迎諂媚可以一時討得上司舒心，卻難使上司永遠垂青。老闆寧願要一個不獻殷勤的業務高手，也不要一個低能的敷衍搪塞之徒。一個專業經理人能夠非常理智地意識到，甜言蜜語畢竟不是生產力，它最多助消化，但絕對當不了飯吃。那些無原則地討好上司的人，永遠不會得到晉升。

小蘭剛從大學畢業，進入公司的第一天，就從內部通訊錄上去找各級主管的姓名和電話分機號碼，接著按名單撥了一遍電話，把人名一一對號入座。第二天清早，小蘭恰巧和部門主管前後腳進辦公室，她一路小跑步從後面追上來，趕在主管之前按下了電梯按鈕，等電梯門一打開，小蘭像電梯小姐一般，一手擋住電梯門，側身微笑：「主管，您先請……」

因為不在同一個部門，小蘭工作績效究竟如何，單位的同事們不太清楚。好不容易大家有了一次見識小蘭的能耐的機會，那是在一次外部交流之後的內部會議上——主管請小蘭做一個情況介紹。但這位新員工不僅沒有顯示出什麼過人之處，反而使本來對她印象不錯的主管大為搖頭。正為沒能領略「才女風範」而失望時，小蘭的結束語卻令人耳目一新：「其他單位的同事都羨慕我們有這麼好的設備，我說：『不！我們最大的資源優勢，應該是我們德高望重、才智過人的主管！』」會上一片譁然——主管年方三十，何來「德高望重」？

最近小蘭又發明了一個極為經典的馬屁。單位內部調動，職位大調整，主管自然也跟隨著調整了一次，小蘭當然要請她的新女上司吃飯。一道「糖醋鮮魚」上桌，小蘭第一時間夾出魚眼睛送到上司盤中。上司一皺眉，便想推開。小蘭詫異：「魚眼能明目，是好東西，妳不愛吃？」上司答：「我天生不愛吃魚眼睛。」「哦，我知道了，這和妳的天生麗質是一樣的。」上司愣在那裡，哭笑不得。

小蘭最終沒有因為馬屁功夫深而獲得晉升，她工作上的失誤將馬屁功夫完全掩蓋了。有個相聲，講一個「馬屁精」見人的第一句話必是「好啊好」，有回碰到一個只有一隻眼的人，「馬屁精」就說：「好啊好，一隻眼好啊，一目了然哪！」水到渠成，脫口而出，是「馬屁精」的基本功。不過，老闆們往往並不笨，這樣露骨地拍馬屁，只會使上司特別提防你的用心。大家一定要記住：一個因為拍馬屁，而被上司提防的員工，怎會有晉升的機會？

職場新貴致勝心法

如果老闆以為拍馬屁事小，無傷大雅，那可就大錯特錯了。首先，如果身邊有一個愛拍馬屁的員工，那麼其他員工的表現很可能被馬屁精的花言巧語所掩蓋，影響團隊精神；其次，馬屁精連老闆的錯誤也拍，影響到了決策和公正；再次，馬屁精往往不學無術。所以，如果一個員工不重視工作，卻將全部精力投入到拍馬屁之中，這樣的員工怎麼能晉升呢？

以諷刺別人為樂

諷刺在批判和揭露社會黑暗方面很有效果，但是在人際交往中，諷刺是挖苦和嘲笑，損害他人的人格和尊嚴，破壞彼此關係。特別是在同事交往中，同一個辦公室裡，喜歡諷刺別人的員工必定沒有好的升遷機會。

有些員工看到同事因工作不順利或挨批評而志氣消沉時，會用諷刺的口氣說：「幹嘛這樣愁眉苦臉，被女朋友甩啦？」「喲！像你這麼優秀的人，也有被『甩』的時候啊？」不管是出於無心還是有意，當事人的心裡絕對不會好受。其實這時候，他最想聽到的是安慰和鼓勵的話：「不要緊！把失敗的原因找出來，下次改進。」「以後你在這些方面要小心點。」

這樣的話，不管有沒有效果，至少容易讓人接受，因為沒有人喜歡被諷刺。一個經常諷刺同事的人，絕不會因妙語連珠而被視為聰明；相反，在同事的眼中，他是一個不友好的人，而在老闆眼中，他就是團隊中的一個破壞分子。

有時候，諷刺或許是出於無意中的玩笑，但其結果是相同的。所以，與同事說話的方式也要因人而異，有時候同一句話會因對象的差異，而產生迥然不同的反應，這要視對方的性格而定。

對於那些以自我為中心、過於自信的員工，即使是無意地訕笑，也會引起他強烈的反感。他們寧願接受明確的批評和指正，也不願聽到諷刺。

在某公司的技術課裡，賴尚明與王子亮是很好的朋友。他們原是國中同學，後來又進了同一所科技大學，既是同學關係又是同事關係，所以兩個人都很珍視這份緣分。後來，高層要在他們課選拔一位中層主管，消息傳開後，課裡的人都聞風而動，托關係、找門路，希望自己入選。但後來傳出內部消息，主管主要在考察賴尚明與王子亮，他們兩人的能力都很突出。

幾天後結果下來了，中選的不是賴尚明，而是王子亮。其實，在結果下來之前，大家已經知道會有這樣的結果。原來，賴尚明這個人有一個毛病，那就是愛挖苦別人，平時以諷刺別人為樂。「雅珍今天老是和我唱反調，我看她一整天都很不順心，大概是快到『更年期』了吧！」「人事室那個長得很漂亮的劉小姐，聽說主管對她一直頗有意思，兩人關係匪淺……」由於愛諷刺別人，所以賴尚明平時很不受同事歡迎。而這幾天他與王子亮之間的微妙關係，則直接導致了他的落選。

賴尚明與王子亮的關係在這之前的確沒得說，可是，在賴尚明得知選拔是在他與王子亮之間進行時，他暗下決心，一定要把王子亮擠掉。有了這樣的心思，再與王子亮相處，就明裡暗裡地挖苦王子亮。

王子亮一開始還沒有在意，以為他是在開自己的玩笑，可是，慢慢地他也嗅到了其中的火藥味。王子亮不想為了這個職位而破壞兩人多年的友誼，所以有心退出。可他萬萬沒有想到，賴尚明最後竟然在主管面前挖苦他，結果偷雞不著蝕把米，賴尚明在主管心目中的地位一落千丈，就這樣徹底失去了機會。

一個企業是眾人的集體，有才華出眾者，有泛泛之輩，有八面玲瓏者，有謹小慎微者……真可謂各色人等長短不一。實際上，任何人都有自己的長處，也有自己的短處，而用人要用人之長，棄人之短，這也恰好是企業主管用人的標準。既然主管已經錄用了一個人，就已經證明了對他缺點的相對認可，那麼，同事之間又有什麼理由抓住別人的缺點大肆諷刺呢？要知道，諷刺別人是一種人格缺陷。一個有人格缺陷的員工，怎麼會有晉升的機會？

因此，從本質上講，喜歡諷刺、挖苦別人的員工，要想得到同事的愛戴，或得到主管的重視，那麼就需要先尊重別人，這也是尊重自己。一個經常諷刺別人的人，無疑是一個舉止輕浮、心理不成熟的人，這樣的人真應該反思、反省。「己所不欲，勿施與人」，假如別人以同樣的態度對待你，你會有怎麼樣的感受呢？

職場新貴致勝心法

經常諷刺別人的結果只能導致團隊不團結，嚴重影響公司的工作效益。如果老闆發現罪魁禍首是那些專門雞蛋裡挑骨頭、暗中使壞、以諷刺同事為樂的人，從長遠利益考慮，他會選擇將其關入冷宮之中。

喜歡忌妒別人

在企業中，當某一個員工受到器重或者提拔，都可能會引起其他人的忌妒，甚至中傷。實際上，每個科學化管理的公司都有晉升考評機制和標準，其中最主要的指標就是績效，這是可以量化的。所以同事之間沒有必要忌賢妒能，不應該將注意力集中到無聊的忌妒之上，而應該透過工作中的表現來展示自己的才能，與同事展開公平的競爭。

一家電器公司的小主管近來明顯地感到自己的地位岌岌可危，因為她手下的一個職員的銷售業績正突飛猛進，眼看著就要超過自己了。一旦如此，按照公司「業績晉升」的制度，她只好拱手讓出已經占據了五年的主管位置，獎金和福利都將化為烏有。所以她妒火中燒，一直想找個什麼辦法保住自己的位置，最後不惜鋌而走險，採取了違反制度的做法，答應給這位職員的最大客戶的採購部經理一筆回扣，條件是要求她取消或延遲這位員工的這一筆大單子。

她哪裡知道，對方的採購部經理就是老闆娘，而企業是老闆娘的家族企業，回扣這一套根本就行不通，再加上對方對她這樣的行為非常反感，直接通報那位業務員和電器公司。在確鑿證據面前，小主管提前下了台。

忌妒是一個最頑劣的本性，如果不加控制，甚至會因忌妒而破壞公司的正常營運。一旦有忌妒之心，就說明存在差距。這時候，一定不要任其氾濫，應該正確評析雙方長短，要善於化忌妒為激勵自己奮起直追、積極的動力，不斷充實自己，發揮最大的潛能和優勢。而一味的忌妒，只會引火上身。

漢斯和魯克同在可口可樂公司麾下的一家研究所裡就職，他們都是非常出色的研究員，而且負責同一個課題的研究。經過一段時間的努力，他們的研究取得了階段性的勝利，對此，魯克可謂功不可沒。所長和老闆對他大加讚賞：「好好做吧，年輕人，前途無量啊！」

漢斯聽了心裡很不是滋味，他想：「兩個人一起研究的課題，憑什麼只誇獎他？難道我付出的比較少嗎？」在接下來的研究中，漢斯開始故意疏遠魯克，總是在魯克有疑問時冷冰冰地道：「你是大紅人，連你都解決不了，我又有什麼辦法？」而且他還在搜集重要資料時故意拖延，甚至將自己發現的重要資料隱藏起來，弄得魯克焦頭爛額進展緩慢。

老闆大惑不解，追問幾次，魯克只是聳聳肩，說自己也不知問題到底出在了哪裡。漢斯則遠遠地躲在一邊，像個局外人一樣看笑話。

最終那個有望突破的研究課題夭折了。當然，原因最後也浮出了水面，於是老闆毫不客氣地將漢斯「請」出了研究所。

像漢斯這樣的員工，他們有時只為了上司的一句褒獎，或只為同事比自己高出一點的物質獎勵就妒火中燒，甚至私下用冷槍暗箭算計別人，結果使本來有望成功的事情前功盡棄或功敗垂成。對於這樣的員工，恐怕任何一個老闆都會予以清除。

電腦公司年輕的行政人員小麗爭強好勝，半點也容不得別人比自己強，總想在各個方面都占上風。偏偏她的女同事、總經理秘書珍珍，無論在年齡、才貌、工作能力上都和她不分伯仲，這令小麗很不高興。就連平時在穿著打扮上，小麗也要和珍珍較勁，珍珍若今天穿了一套新洋裝來上班，小麗明天必然換另一種名牌來壓她。當小麗偶然得知總經理決定在她們兩人當中挑選一人，擔任某分公司的負責人時，更是和珍珍明爭暗鬥。

這天，總經理要珍珍整理一份報告，並再三說明次日上午就要用。於是，珍珍便要求小麗：「務必在明天上班前將這份報告做好並交給我，我有急用。」小麗一聽火冒三丈，一邊收集資料，一邊暗中發狠：「因為是總經理秘書就可以指揮我，然後拿著我的果實去向總經理邀功請賞！哼，這回沒那麼便宜，我非讓妳明天丟臉不可。」莫名的妒火燒得她腦袋發暈。第二天一上班，小麗便電話告知珍珍：「由於下面幾個部門的統計資料遲遲交不上來，耽擱了時間，所以，報告現在還沒寫完。」

接下來，珍珍因交不上報告，總經理大發雷霆，在得知是小麗的所作所為後，便馬上要她辭職。小麗後悔莫及，這都是忌妒惹的禍。

看到別人成功了，就採取不合作姿態；聽說別人強於自己，就四處散佈謠言，詆毀別人的成績；發現別的同事人際關係好，就想方設法去施「離間計」……等等。這樣的忌妒不僅妨礙了同事間的關係，而且終將自食其果，把自己陷於孤立無援的境地。

職場新貴致勝心法

忌妒是一種難以公開的陰暗心理。在職場上，忌妒心理常發生在與自己旗鼓相當、能夠形成競爭的同事身上。這時候，其實最需要的是調整自己的心態。實際上每個人都有自己的優點和缺點，完全沒有必要因為別人在某一方面超過自己而妒火中燒。何況，只要努力，任何人都能邁向成功的。

不放過「雞毛蒜皮」

在工作中總是有得有失，成敗是大得大失，自然非計較不可。但是，很多員工不僅在成敗上計較，就連碰上「雞毛蒜皮」般的小事時也斤斤計較，小肚雞腸。至於加薪、獎金多寡之類更是如此，殊不知，在這種時候最不應該過分地去計較得失，而應該一如既往地把自己的工作做好，因為是金子總是會發光的。當英明的老闆碰到這種喜歡與「雞毛蒜皮」打交道的員工時，最仁慈的解決方法就是讓他們永遠停留在自己的位置上。

有很多員工在部門裡把一點得失看得比什麼都重，為寸利不惜爭得頭破血流，但卻沒有意識到，他們雖然得到了一點利益，卻失去了老闆的信任與賞識。

小楊和小趙是同批進入某公司的大學生。兩人能力相近，條件差不多，而且都是做老闆特助。後來，公司裡需要一位部門經理，他倆成了最佳人選。但是，老闆儘管對兩人的工作水準和績效都已了解，但思前想後還是決定不了提誰不提誰。於是，老闆決定先看看兩個人的態度再定奪。

老闆叫來了小楊，將自己的猶豫講明，小楊乾脆爽快地說：「那就給小趙吧，他工作更辛苦，又比我大一歲，我還有機會。」老闆叫來小趙，小趙沉默不語，最後實在要表態，輕聲說了句：「我看我應該比小楊強，不過小楊也可以……」

結果下來後，小楊提了部門經理，小趙等下次，據說是老闆認為小趙太計較功名，不夠成熟。

小趙正是因為太看重得失，反而失去了老闆對他的賞識。所以，對於功名的過分計較反而會使人得不償失。過於計較得失不僅僅會失去老闆的信任，也會破壞同事間的關係。

當你在公司的地位突然受到一位新來同事威脅時，會如何應付？由於老闆特別重用你，以致引來其他同事的敵視眼光時，該有什麼反應？一位素來跟你很談得來的同事，不知何故對你若即若離，故意把你冷落一旁之時，怎麼辦？你對某位同事的才能與機遇十分妒忌，苦於命運之神似乎特別眷顧他，實在心有不甘，但老闆偏偏提拔他，應該怎樣扭轉劣勢？

有些愛計較得失的員工在處理這些問題時，完全不從大處考慮，只顧眼前利益。結果落了個得不償失，既失去了同事的信任，也會因影響團隊合作而遭到老闆的責怪。

如果過分計較得失，會使自己的精力集中在與別人的勾心鬥角上，不只會影響自己的工作，還會令老闆感到你是公司的不安定因素，甚至會排擠你。

放棄是為了更好的收穫。只有積極主動地捨棄眼前的小利益，才能「放長線，釣大魚」。可能在利益分配的時候，老闆也非常頭疼，如果雙方都你爭我奪，只會令老闆更加心煩。這時候如果有哪個員工能學會吃虧，主動退出爭奪，無疑是為老闆減輕壓力。表面上看這個員工是吃虧了，但是實際上老闆會在心裡記住他的「懂事」，當下一次升職加薪的時候，自然會想起他。

某單位公關專員仁聰是中文系畢業，擅長寫作，曾經有許多篇文章被發表，很得主管賞識，而他的主管是科大出身，在文筆方面沒有多大能耐，所以，許多文案都是仁聰起草。一次，仁聰寫了一篇很具有社會影響力的評論，同事看後都感到內容、題材十分新穎，要仁聰馬上投到報社去。仁聰雖然寄去了稿件，卻以單位主管的名字發出。果然，幾天後，文章發表，這位主管也因此文章而被媒體關注。

後來仁聰默不作聲繼續完成自己分內的事情，同事穎萱看了不以為然，本來暗中就和仁聰較勁，於是她也露了一手，在大報上連發兩篇文章，因此聲名大噪。與仁聰不同的是，她都署自己的名，在文中連主管的影子也看不見。

之後仁聰步步高陞，而本應該跟著仁聰一起晉升的穎萱則一直在專員的位置上蹲著。

當然，這裡並不是鼓勵人沽名釣譽，而是教人放棄那些無謂的小利益，把功勞做給主管，以此來換取更大的發展。這種辦法，其實就是一種以退為進的進取之道。

職場新貴致勝心法

人常說：「吃小虧，占大便宜。」若是為了團結同事、贏得老闆的賞識，吃點小虧又何妨？斤斤計較的員工，不但破壞了自己在老闆和同事心目中的形象，也常因瞻前顧後而不能在工作中施展手腳。這樣的員工，一點都不值得重用。

大談辦公室戀情

自從有了辦公室，並且將不同性別的男女共聚一室一起工作以來，彼此互相仰慕的辦公室戀情便開始流行。然而，幾乎任何老闆都不喜歡辦公室戀情發生，道理太簡單了，公司是緊湊有序的工作場所，不是浪漫的咖啡屋。而正常人一旦有了辦公室戀情，就很難做到對近在咫尺的情人坐懷不亂，影響工作效率。再說，即使戀愛中的情侶像老黃牛一樣工作勤勤懇懇，老闆也會懷疑他們的上班時間是不是都用在談戀愛上了。

不要抱怨老闆的胡亂猜疑，站在他的位置上，一般人都會這麼想。如果你真的與某位同事陷入愛河，那只有兩條路可走，要麼雙雙離開公司，學習司馬相如和卓文君，要麼其中一個離開公司，做一對牛郎織女。

阿濤從小失去了母愛，性格孤僻、狂放而又脆弱，姊姊將他一手帶大而且關懷備至，所以阿濤生活自理能力極差。但姊姊畢竟要嫁人，他也不得不走向社會。阿濤十八歲時從大學一年級輟學，先到台北幾家酒吧唱歌，因音準不佳被轟下台。正在準備跳天橋撞車之際被一星探發現，儘管他嗓音如同擦鍋底，但由於外形俊俏，皮膚白皙，頭髮蓬亂，頹廢而又叛逆，具備「偶像派」形象和氣質而與其簽約，進入一家一流唱片公司，接受培植。

他進入該公司後，偶遇公司「當家花旦」，從她那隨意的一瞥中，他突然同時找到了母親的慈祥和姊姊的體貼，三秒鐘之內不可救藥地愛上了這位大他十二歲的有夫之婦。之後，他像換了個人似的，充滿激情，對她發起了猛烈的攻勢。這位「當家花旦」當時完全拿他當小師弟，熱情幫助，然而，當她發現小師弟那雙眼睛常常鎖定在自己臉上幾分鐘都不眨一下時，臉上泛起了一層久違了的紅暈。阿濤唱功原地踏步，對師姊的攻勢卻與日俱增，盡情演繹著一場熱烈的辦公室戀情。心慈面軟的師姊終於動了心，和才華橫溢卻老實的老公秘密離了婚，投入了小師弟堅實的懷抱。公司裡一時風言風語，指指點點。

狗一樣敏銳的狗仔隊聞風而動，晝夜跟蹤、蹲守，終於拍到了親密照，頓時掀起了滿城風雨！阿濤的名字也隨著緋聞而傳進追星的少男少女們的耳中，誰都知道當紅女歌星有個緋聞小師弟，唱歌的，但誰也不知道他唱了什麼歌。而公司的「搖錢樹」因為拋夫棄子遭媒體和輿論撻伐，幾乎崩潰，無人再來邀約，公司人心浮動，混亂不堪。老闆終於忍無可忍，將剛有了一點「名氣」的阿濤掃地出門。那段畸形的戀情，也隨之夭折了。

在辦公室裡談情說愛，如果兩個人志同道合的話，能把愛情當作事業的基石，那麼這種愛情有可能成為工作的動力，但是現實當中這樣的事情是非常少的。大多數情況是兩個人不歡而散，既影響自己的工作，又影響自己的情緒。

此外，尤其要提醒每一個男性職員的是，老闆的女秘書通常都很「養眼」，奉勸男士們不要對她想入非非，那絕對是自掘墳墓。即使老闆和她之間的關係像辦公室裡的桶裝純淨水一樣透明無瑕，也不要忽略一個正常男人對異性的占有欲和對同性的忌妒與敵意，這是人的本能，誰都一樣。就像你在大街上看見一個超級美女被一個男人摟著時，你一樣也會心生忌妒。所以那是一個禁區，稍微犯規，立即就有人像義大利光頭裁判科林納一樣衝出來，將你紅牌罰下，毫不手軟。而且老闆也不願意自己的秘書因為被人追而分神於自己的工作。一旦發現戀情即成，他的態度絕對不會友善。

職場新貴致勝心法

老闆們之所以反對辦公室戀情，是因為它常常導致工作倫理的扭曲和破壞。因為「公平、公正、客觀」很容易會在兩個人的私人關係中被質疑。而且在這種關係中，「男女搭配，做事不累」的經驗也不起作用。

充當老闆肚裡的蛔蟲

所謂蛔蟲，就是寄生在別人肚子裡，會使人生病的寄生蟲。職場中那些專門以揣測老闆及主管或者同事心事，而且知之甚精的人，也被稱作「蛔蟲」。

有的員工認為，應該要了解老闆，對他的事情知道得越多越好。於是，挖空心思地想要鑽進老闆的肚子裡，看著老闆的所思所想。

實際上，事實往往並不如此，認識、了解老闆必須要有度，這點至關重要。員工知道了老闆太多事情並不是一件好事，有很多事情還是不知道為妙，因為老闆自認為很隱私的事情一旦洩漏出去，他第一個懷疑的可能就是他肚子裡的「蛔蟲」。這樣的員工，就是從個人方面考慮，老闆也不會提拔他。

還有一類員工，明明和老闆的關係不是很密切，卻喜歡自我表現，使別人以為他能夠充分理解老闆的意圖，本來不是老闆肚裡的「蛔蟲」，可偏偏要當「蛔蟲」，這樣的員工不但不會得到老闆的重視，也不會有什麼好下場。

《三國演義》中的楊修就是因為扮演了一個「蛔蟲」的角色而被曹操殺害的。

楊修是曹操手下的一個「主簿」，按理說，他對自己所負責的工作處置得當，應該受到曹操喜愛和器重才對。但是他善於耍小聰明，喜歡在眾人面前表現自己能夠理解曹操的全部意圖，最後弄得連小命都丟了。

一次，曹操命人將自己的丞相府擴建，修好後曹操去檢查，他看完後什麼也沒說，只是在門上寫了一個「活」字，眾人不解其意，楊修見了說：「這還不明白嗎？門內有『活』

為闊，主公嫌門太闊了，應該再修得小一點。」

後來曹操聽說此事，雖然佩服楊修的才華，但是卻忌妒在心。

又有一次，有人向曹操進貢了一盒酥糖，曹操看了沒有動，提筆在盒上寫下「一合酥」三字就出去了，恰好楊修看到了，他即刻叫來一群官員：「來來來，主公請大家吃酥糖了。」說著打開盒子自己先吃了一口。有人害怕地說：「主公的東西你怎麼敢亂動？」楊修笑道：「你沒見主公在盒上寫著『一人一口酥』嗎？」

曹操本來就不是個能真正容人的主子，這麼一來，他便有了殺楊修的想法。

後來，曹操與劉備爭奪漢中，雖然敗局已定，但又不甘心退兵，這時候，廚官為他端來一碗雞湯，曹操夾起一塊雞骨頭，叫道：「雞肋啊雞肋！」這話又被楊修聽到，他馬上在軍卒中宣佈：「趕緊收拾行囊，主公馬上就要下令退兵了。」有人問道：「你怎麼知道主公要下退兵的命令？」楊修回答：「雞肋這東西，食之無味，棄之可惜，主公用它來比漢中，這不明擺著說這場仗棄之可惜、打下去又沒什麼意思，不退兵還等什麼！」

不一會，曹操得知此事，他心中的火氣一下子就上來了。雖然楊修說得沒錯，但他仍以「擾亂軍心」的罪名殺掉了楊修。

職場中的一言一行都關係著個人的榮辱成敗，老闆當然不想有人老是像鬼魂一樣，既纏著自己，又對他的想法瞭若指掌。所以說，那些做老闆肚裡「蛔蟲」的員工，看似聰明可愛，實則最為愚蠢。

過多地在主管那裡周旋，的確能夠而且一定會得到一個主管寵兒的名聲。但是，這個名聲會使同事們認出你的企圖心，使他們討厭你，不相信你，甚至還有一些人會想盡方法拆你的台。任何一個只是依靠主管而在組織取得地位的人，他的基礎是不穩固的。

某公司副處長慶學，在這方面就深有體會。慶學剛到公司時，對上級主管十分尊敬，深受主管喜愛。在陪同主管出差時，慶學不僅跑前跑後地張羅買票、住宿、吃飯等瑣事，連主管的衣服他都負責洗。由於主管覺得他對自己忠心耿耿，所以很快地把他提拔為副處長，可是慶學錯誤地以為自己和這位主管之間已經超越了一般的同事關係，於是經常不請自來，去主管家拜訪，出入自由，好像常客和老朋友一樣。就連主管女兒的婚事也都由他牽媒搭線，主管家裡的夫妻矛盾他也了解得一清二楚。

可是好景不長，過了不久，自以為人生得意的慶學卻發現自己失寵了。他思前想後找不到原因，感到非常奇怪。本以為處長的位置非自己莫屬，可是卻由同事小劉取而代之。後來，另一位主管找他談話，告訴他：「你和主管的關係過於親密，這樣容易引起周圍同事的議論，希望你自己多檢點一些。」這時慶學才恍然大悟。

員工與上司之間保持工作上的溝通、資訊上的交流及一定感情上的溝通，是工作的需要，但是，作為一個員工，千萬不要窺視上司的家庭秘密、個人隱私。應注意了解主管的主要意圖和主張，但不要事無鉅細，以至於了解他每一個行動步驟和方法措施是什麼。這樣做會使他感到你的眼睛太亮了，什麼事都瞞不了你。這樣他工作起來就會覺得很不方便。

他是上級，你是下屬，他當然有許多事情要向你保密。有一部分事情你只應是知其然而不知其所以然。所以，千萬不要成為主管肚子裡的「蛔蟲」，否則，就是在自取滅亡。

職場新貴致勝心法

那些將心思集中於揣度老闆意圖和想法的員工，往往是為了逢迎老闆，其本身沒有什麼能力，還不知將精力投入到工作中去。

讓上司看不順眼

由於工作性質的不同，不同的上司各有不同的原則，但員工的以下行為必定令他們看著「不順眼」，甚至深惡痛絕：

喜歡兼職的員工

兼職被一部分人推薦為生財有道而頗為流行，但是，絕大多數上司認為：如果發現我的員工有兼職行為，絕不會重用，因為這是對公司和主管的不尊重和不忠誠。

「一心不能二用」，這是常識，公司和上司都喜歡一心一意的員工。如果員工都集中精力為一家公司做事，將可能創造更好的效益。況且，兼職的人可能會影響其他員工的士氣。

亨利大學畢業後在一家航空公司上班，不久就被提升為部門經理。隨著交際面的拓寬，他涉足了其他領域，發現做證券生意很賺錢。一個月後，嘗到甜頭的他又瞄上了其他生意。幾年後，已經陸續換了幾個行業，越來越覺得精力不夠，想從那些行業撤出又覺不捨，久而久之，手頭上的幾個業務一個接一個失敗，而航空公司老總也越來越不信任他，最終，他只好遠走他鄉。他不由得感慨地說：「我現在才明白過來，要想有所作為，就得從一件事做起，向一個目標努力。」

不少公司都明文規定員工不准兼職，明知故犯的員工等於是在向制度挑戰，被上司發覺後必然懲處。再說，上司甚至會認為兼職的員工利用公司工作時間做兼職工作，竊取公司時間與資源，十分要不得。

上班時間處理私人事務的員工

我們可以想像，一個喜歡在上班時間處理私人事務的員工，上司同樣會感覺這樣的員工不夠忠誠。公司是講求效益的地方，辦公室是工作的場所，任何投入必須緊緊圍繞著產品來進行，上班時處理私人事務，無疑是在浪費公司的資源和時間。

淑華是一家公司的老闆特助，由於工作輕鬆，淑華經常有空閒時間。起初，她經常利用空閒時間看一些雜誌或整理文件。後來，淑華在公司工作久了，就將公司的電話號碼告訴了許多朋友，讓朋友在上班時間打電話給她，並且一聊就聊很久，煲起了電話粥。

果然，不久就出了大狀況，原來，一個重要客戶打電話找老闆下一筆大訂單，但老闆辦公室的電話一直占線撥不通，後來他將此事告訴了淑華的老闆。淑華因此被老闆狠狠批評了一頓。

一位上司曾經這樣評價一位當著他的面喋喋不休地講私人電話的員工：「我想，他經常這樣做，否則怎麼連我都不防？也許他沒有意識到這有違專業道德。」

另一位上司說：「我不喜歡看見與工作無關的報紙、雜誌和閒書在辦公時間出現在員工的辦公桌上，我認為這樣做表明他並不把公司的事情當一回事，只是在混日子。」

動不動就請事假病假的員工

任何一個公司都有標準的事假病假，上司也並非不准員工請假，作為自然的人，生病是難免的；作為社會的人，事務也同樣不能避免。但是過於頻繁地請假，必定會影響工作效率。任何人當了上司，都不希望下屬經常脫離崗位，減低效率。

過於關注個人利益的員工

一個把個人利益看得比公司利益重的員工，他們的前途可想而知。其實，重視個人利益是理所當然的，但是對此要有限度。職場中，過於關注個人利益，必定損失公司利益，這正是令老闆不順眼的主要原因。

不能同舟共濟的員工

最令上司不能容忍的下屬是：不能跟公司和上司同舟共濟的員工。

張總裁的公司擁有上億元的資產，他不顧董事會反對，將學、經歷並不突出的國棟升做副總，因為他知道這位能與公司共存亡的人，一定不會損害公司的利益。原來在五年前，公司陷入困境，職員一位又一位離開時，正是當時並不太突出的國棟堅持下來，與張總並肩奮鬥，因為他相信張總的能力，結果公司終於重新壯大。

自以為是的員工

這種人最大的特點就是不懂裝懂，明明只有半桶水，偏偏說「快要淌出來了」，一副萬事通的模樣，可是到了最後往往一事無成。

這種人在找工作時，通常不是考慮自己能不能做這樣的工作，而是看待遇的高低、薪資的多少……結果引起上司的反感。

如果現在的你存有這樣的弱點，千萬要注意補救。補救的辦法就是「知之為知之，不知為不知」。不要不懂裝懂，要學會不恥下問，謙虛地向他人學習。

總是說「這事不能怪我」的員工

有的下屬理想很高，總是希望往上走，可是卻沒有固定的目標，做事很隨意。聽不得別人的批評意見，一旦做錯了什麼事情被發現，就馬上開始找藉口，不是抱怨這個就是抱怨那個。最後，這種人不會忘了說一句：「這是沒辦法的事，不能怪我。」

如果你有這種習慣，而且還想得到主管提拔的話，那就請務必改正。方法很簡單，就是無論做什麼事情，都應該確定目標，制訂計畫，然後再一步一步地去做。一旦發現有什麼不妥的地方，就及時糾正。出現了錯誤，不要推三阻四，要總結教訓，學會承擔自己應該承擔的責任。

自吹自擂的員工

這種員工往往並沒有什麼真正的本領，卻善於自吹自擂，經常在別人面前把本來不存在的事情說得天花亂墜。他們經常說的一句話就是：我的朋友多厲害、親戚多顯赫……親戚朋友的地位和聲譽成了他自吹自擂的條件，至於那些親朋好友到底是否真的存在，就不得而知了。

這種人其實在徵才面試的時候就已經開始吹噓了，他們會說自己在校的時候成績如何優異，老師和學校評價如何不賴。但在錄用之後，老闆和上司很快就會發現他們不過是誇誇其談而已。

恃寵敷衍的員工

這種員工通常會和老闆多少帶點特別的關係，他們的心目中有這樣一種錯覺「老闆是我的……」於是，他們上班只為了想在工作場所釣金龜或坐領乾薪，對工作持恃寵敷衍的態度，能耍賴就耍賴，每天只是混日子，只會算計如何施展逢迎功，一心一意地討好主管，卻不肯好好做事。

其實，這種員工正是老闆最不喜歡也最厭煩的類型，雖然一時不好說什麼，但終究是有個限度的。

對老闆妄加評論的員工

作為下屬，千萬不要對你的老闆指手畫腳，妄加評論。老闆就是老闆，很多時候，他要端起老闆架子，顯示威懾力，這也是工作的需要，如果對他妄加評論，而且又正好撞在了他的「槍口」上，那還會有好下場嗎？

職場新貴致勝心法

上司也是人，也有自己的好惡，但是，這裡的「不順眼」絕不是感情上的挑剔。他們作為一個群體的領導者，必然有著自己的原則，這些原則支持著他開展工作。不論何種原則，最終都是重視敬業精神，包括忠誠和合作，這是任何一個老闆都感到「順眼」的兩大標準。

第4種員工

品德低劣，搬弄是非

NO!

做誰的和尚就撞誰的鐘

自甘墮落，拒絕創新

違背職場遊戲規則

品德低劣，搬弄是非

眼裡沒有上司

永遠都在找藉口

不珍惜時間與財物

缺乏團隊精神

熱衷於打小報告

部屬向主管彙報情況，反映問題，這原本無可厚非，但如果以彙報工作為名，行「打小報告」之實，這就不僅僅是工作作風問題，而是道德和品格的問題了，這樣的員工哪個老闆都不屑一顧。

有一些員工，因為難以應付辦公室裡的競爭，或者乾脆為了掩蓋他自己工作能力低下的表像，所以熱衷於打小報告、告密，而且這種員工由於深知辦公室裡的「明爭暗鬥」，因此他們往往有自己的一套應付公司內部形形色色人的「絕招」。

這種人通常先發制人，甚至於「惡人先告狀」，並且還善於找「後台」來撐腰。這個「後台」就是支持他的某些主管，他懂得怎樣透過不正當的手段得到主管的重視。搜集小道消息或情報並傳遞給主管，使主管能更清楚地了解公司內的實際情況。

然而，小道消息往往並不真實，而是捕風捉影、無中生有的產物。這類下屬喜歡打聽別人的秘密，見風就是雨，極盡想像之能事，添枝加葉以訛傳訛。若一段時間搜尋不到告密的「素材」，就會為達到個人目的而向主管說謊。

娟娟的公司新招了一位女同事，是主管行政和客戶服務的，這個職位之前招過好幾個了，都是沒到試用期便走了。這位新同事叫英瓔，看上去二十五六歲，文文靜靜的。

娟娟是公司財務主管，不鹹不淡地在公司待了好多年，地位沒見更新，薪資也沒見上漲，但這個英瓔，竟然一進公司就拿著比娟娟高的薪資，這使娟娟心裡很不是滋味。再說，公司不大，財務、行政本來可以合在一起管理的，何必再招一個？

但娟娟與英瓔卻相處得很好，簡直可以用姊妹情深來形容。娟娟是財務主管，當然知道公司許多內部消息啦！這些內部情況，娟娟從不對英瓔隱瞞，知無不言，言無不盡，不過其可信度呢，那就仁者見仁、智者見智了。

正所謂知多煩多，可英瓔絲毫不受影響，明知公司月月虧損，資金周轉又不靈活，英瓔還賣力地出去為公司拉業務，英瓔以前在外商公司做過業務，因此一個月跑下來，業務量很可觀。這樣，她很快就被提升為總經理助理，總經理還承諾將根據業務量給她一部分抽成。英瓔很高興，立刻把好消息告訴了娟娟。

誰知娟娟告訴她：「英瓔啊，妳千萬別信楊總的話，他是個小氣鬼，說話從來不算數，妳都知道的，公司現狀這麼差，他怎麼會輕易給人加薪呢？他呀，只會說些好聽的哄人，昨天他還向我打聽妳，說妳這麼熱心跑業務，是不是已與客戶達成某種默契了？」英瓔聽了這話，臉色都黯了。

娟娟轉而安慰英瓔：「妳也別太生氣了，妳的工作能力這麼強，到哪裡不比這裡好？

妳工作這麼出色，還被老闆猜忌，換了我是妳，早炒他魷魚了，最受不了楊總當面一套背後一套。這家公司沒什麼前途，我們還是早點為自己找條後路吧……」

英琨聞聽娟娟的教誨，似乎若有所思的樣子。但第二天，她依然開開心心地做事，快快樂樂地做人。這倒使娟娟覺得奇怪和不安了。

一天早上，娟娟神秘兮兮地把英琨找到自己的辦公室，對她說：「唉，聽說了沒有，昨天我交財務報表的時候，聽見楊總和朱總在談論妳的那份業務拓展報告，楊總說妳不知天高地厚，缺乏經驗，業務拓展是紙上談兵，一堆廢話，不能對妳委以重任，還要再磨煉。我看，妳就不要再在這裡和這些老傢伙周旋了，沒前途的！對了，我帶了今天的報紙給妳，徵才版很多適合妳的，快看看吧！」

英琨接過報紙，意味深長地看了娟娟一眼，低頭看報不語。娟娟不禁心裡竊喜，這種「借語傷人」方式打擊對手的自信心，屢試不爽，且能哄得人心，離開公司後，對方還會心存感激。

第二天，英琨果然沒去上班，也沒打電話向公司請假，娟娟藉著交財務報表之機走進了楊總的辦公室，說：「楊總，我看英琨不會做了，我和她關係極好，她什麼都和我說的，她嫌我們公司規模太小、薪資低，沒發展前途，還說楊總您……唉，還是不要說了，現在的女孩子真不知天高地厚！」娟娟說完搖搖頭，一臉的不屑。

「她說我什麼？」楊總好像很感興趣。

「楊總，您聽了可千萬別往心裡去，她說您為老不尊，對她有意圖。」

娟娟話音剛落，楊總就爆發出一陣大笑，連眼淚都笑出來了，笑完對娟娟說：「謝謝妳為我講了這麼好笑的一個笑話，下午會來一位新的財務主管，把妳的工作和她交代一下，我女兒英瑕說，不想和妳共事，妳是聰明人，以後好自為之吧！」娟娟被驚得目瞪口呆，想不到最終竟害了自己。

正所謂聰明反被聰明誤，多行不義必自斃，在職場之中，背後算計人實在要不得。不過，背後打小報告的員工仍然大有人在，而且有一部分過得還挺自在。這種人之所以有生存的市場，正是因為工作中有許多主管偏愛他們，將其當作自己必不可少的得力助手，甚至作為公司的中流砥柱，似乎沒有他們工作中的一切都是假的。

這些主管掌握的職員情況大都來自這種人之口。並且他們還自信，這種獲知下情的途徑實為一條便捷之道。殊不知，天長日久，他們已和其他下屬之間出現了一道鴻溝，「打小報告者」傳遞來的消息經過「潤色」，十有八九不切實際。因此，主管得到的情況就難免失真。

作為正直能幹的主管，是不會被這種人的雕蟲小技所迷惑的。他有自己的識人和用人標準。他知道這種人確實有點小聰明，會耍些花招，但在做事能力方面必定不會突出，否則就不會去做探子，博上司的歡心。並且主管還明白，公司上下所有的人對這種人除了討厭唾棄外，再無其他的感情可言。他很清楚，將熱衷於打小報告的員工留在公司並且重用他們，無疑是自毀前途。

因此，愛打小報告的下屬儘管在某些主管的眼裡是個「大紅人」，深得寵愛和歡心，在公司裡面也人見人怕，人見人躲，一副狐假虎威、迷惑上司的意得志滿的樣子。但這樣的下屬在精明睿智的正直主管者面前，往往一文不值，不被重用，儘管他耍盡花招也難討主管的歡心。

職場新貴致勝心法

從短期來看，由於沒有識破打小報告者的真面目，老闆或許會認為這種員工是個關心他人的人，周到而又熱情。然而，這樣的員工只會破壞團隊的團結，千萬不能聽信「小報告」，這樣的員工躲他越遠越好。

暗中陷害他人

張君剛到職於一家頗有前途的公司，為了得到公司的認可，他幾乎成了工作狂，還常常想出很多新穎實惠的點子來。後來，他終於得到老闆的稱讚和重視，被指派擬定一個重要企劃。同事李君是張君的好朋友，在張君忙得天昏地暗時，李君會適時地遞上一杯咖啡；張君加班時李君又會送來一盒便當；而且總是主動幫張君列印好文件。

在李君的幫助下，張君終於將企劃書交給老闆。誰知第二天老闆找到他，說：「我很看重你的才華和敬業精神，沒有新點子不要緊，但你不該抄襲其他同事的創意。」老闆看他一臉驚訝，遞給他一份企劃書。天哪！竟然和他的那份驚人地相似，而企劃人竟是李君！面對老闆的不滿，他真想當場發作，在老闆面前大發一通牢騷；但是他沒有那樣做，而是等待機會。

機會果然來了，當老闆再次指派張君做一個很重要的方案時，他從自己的新點子裡篩選出兩個方案，做出A、B兩份企劃書，同時找到老闆，讓他事先知道A企劃的內容。然後，張君在辦公室裡大做A企劃書還是不避李君，但暗地裡已把B企劃書做好並交給了經理。果然，不久之後，李君交上了一份和A企劃書頗為相似的方案。明白真相後的老闆非常惱火，請李君另謀高就，張君的成果也保住了。

正所謂「明槍易躲，暗箭難防」，這句話用在辦公室裡那些暗中陷害他人的員工身上，再恰當不過。同時，對於老闆而言，那些來自於「暗中」的消息，也往往容易迷惑人，也很「難防」。不過「暗箭」畢竟是「暗箭」，是職場最不能忍容的，當別人發現某些員工喜歡放「暗箭」時，我想這支「暗箭」終將會害到自己。

在企業中，偶爾會碰到以暗箭傷人的方式表示不滿的員工。假設你是一家公司的老闆，遇到這些情況，我想你也會快刀斬亂麻解決這個問題。首先確定員工是否還可挽救，再開始進行激勵他們改變行為的工作。如果沒有留下他們的必要，趕緊勸他們走人。

「老闆，我想你應該知道在你背後發生了什麼事。」在其他員工都離開後，致揚對老闆說，「由於你決定在接下來的兩個月變動我們的上班時間，所以為鋒到處煽動大家跟你唱反調。我們都知道你為什麼要這麼做，只有為鋒不理解。他要大家開始多請病假來抗議你的決策。他真是個會暗中傷人的傢伙！」

接著，致揚又分析說：「或許是為鋒並不喜歡老闆吧，他不同意你的所作所為，所以才會與你唱反調，將你做出的現有決策視為破壞你威信的大好機會。」

致揚的這段話是在暗中陷害為鋒，而實際上反對老闆的正是他。當然，為鋒有一些意見是事實，但老闆並沒有因此而輕信致揚。相反，他在以後的一段時間裡，以其他原因疏遠了致揚，並向為鋒講清了有關管理決策的問題與意見，重新樹立自己的威信。

暗中陷害他人的手段和做法很顯然有損人際關係，降低公司效率，不過還是有很多員工這樣做。他們不了解這樣做會令他們落到兩敗俱傷的境地。身為這種員工的上司，無疑會對他們失去信任。暗中陷害他人往往是由於同事間的衝突引發的，而向上司告狀的人可能很少有或沒有解決衝突的經驗。在他的想法中，向老闆或上司陷害對方是解決問題的一個可行的辦法。

文興是一家公司的業務主管，做事向來認真。那一天，他正準備回家，在停車場巧遇經理，經理問道：「你和新員工阿偉是怎麼回事？這是他第三次來跟我說，最近你替他安排的工作太多了！」文興說他會調查看看，便回家了。其實，每當阿偉工作沒有達成，就跑到經理那去告狀，而且常有誣陷之辭。這種情形使文興頭痛不已，他知道如果無法阻止阿偉跑到經理那邊胡亂告狀，自己的威信將會蕩然無存。

第二天上班後，文興先和經理商談，希望他與自己在對待阿偉的態度上保持一致。然後文興告訴阿偉，如果他一直暗中誣陷，就將他調到其他部門。

當時，經理方面很配合，而阿偉雖然臉紅得像火燒一般，也向文興打了包票，說自己將痛改前非。可是，幾天後，經理又找到文興，批評他對阿偉過於苛刻。原來，阿偉因沒完成任務受了文興的指責，又一次向經理陷害文興。文興不卑不亢地告訴經理：「如果我跑到你的上司那邊打小報告，提出內部的問題，你會怎麼做？」經理當時一愣，但他很快就恢復了過來。在了解事情的真相後，和文興一起簽了一份辭退信，並交給了阿偉。

「林子大了，什麼鳥都有」。職場中難免有暗中陷害他人的小人。辦公室裡因為這種人而烏煙瘴氣，是非不斷，嚴重影響員工合作和工作效率。這樣的員工應該在其他人面前揭露他的可惡行徑，否則不僅員工們沒有安全感，就是老闆也可能會成為被陷害的對象。

其實，那些以暗中陷害他人為樂，或者以此為自己的晉升鋪路的人，最好是好自為之，否則，最終吃虧的還是自己。

職場新貴致勝心法

「紙包不住火」，暗中陷害他人，總有陰謀敗露的一天；再說，如今的職場中人，誰沒有留一個心眼，等到人家以其人之道還治其人之身的時候，恐怕暗中陷害他人者只能是引火上身、玩火自焚了。何況，人家至少還有一個正當的理由，那就是你先不仁，他才不義的。爭來爭去，只能落個兩敗俱傷的結果，老闆還能容得下你嗎？

誹謗公司或同事

公司是員工施展才華的平台，同事是工作中的合作夥伴，本應該相安無事才對。但是，就在日常工作裡，常有一些說話很無聊，又喜歡說別人壞話的員工。對於這種沒有內涵的員工，怎麼能得到上司的提拔？

家偉是一間著名大學的研究生，在學校成績優秀，一篇研究項目的論文曾獲得過大獎。微軟公司人力資源部經理曾有意聘任他，最終這位佼佼者卻落選了。

當時面試時，經理問家偉當初怎樣選擇了那項研究專案，家偉回答說：「是教授幫我選擇的，我也不知道為什麼要研究，換個專案也行吧！」經理又問他怎樣比較微軟公司和過去實習過的某公司，家偉大加推崇微軟，把過去那家公司貶得一無是處。經理最後問他怎樣評價與教授的關係，家偉說了教授許多不好的話，列舉了教授怎樣將名字署在他前面等「卑劣」之事。

經理的問題到此為止，而家偉進軍微軟的希望也化為泡影。在談及原因時，經理針對家偉的三個回答做了分析。他認為，做研究既要有創造力，更要有興趣和熱情，才能苦中有樂，但從家偉的回答中感覺不出他對事業的熱情。

另外，家偉可以這樣貶抑前公司，將來也可以這樣貶抑微軟，從對公司的態度上看不出他的客觀和忠誠。微軟文化中重要的一條就是寬容精神和合作精神，而家偉對自己教授的評價反映出了他在這一方面的欠缺。

的確，優秀人才可以從專業、工作背景、學歷等方面作出判斷，但老闆們更關心的是，他是否屬於適合的人才。一個不能適應公司環境發揮個人才幹，只喜歡誹謗公司和同事的員工，又怎麼會被精明的老闆看中呢？

任何人都對別人的誹謗非常痛恨，誹謗別人也是職場中阻礙自我晉升的行為之一。這種行為所帶來的後果，輕則影響同事關係，重則慘遭老闆辭退，名利皆失。如果你經常抱著把事業上的競爭對手當成「仇人」、「冤家」的想法，想透過誹謗去擊垮對方時，就有必要檢討了。

無論到哪個公司，作為老闆，絕對不希望自己的下屬們互相傾軋，他們希望每個人都發揮自己的長處，為公司帶來更多的利益，而互相排斥只會使自己的企業受損失。周圍的同事也同樣討厭那些喜歡惡意中傷、無中生有的人，每個人都希望與志趣相投的人共事，不懂得與人平等競爭、相互尊重，就會失去大家的信任。

俗話說：「沒有不透風的牆。」此話自有道理。今天你和某同事說：「小王能力不行，辦不了事。」過不了兩天話就傳到小王耳朵裡了，後果自然不會怎麼好。或者你跟一個很要好的同事說怎麼整治上司，如何偷懶之類的話，萬一哪天他晉升了，而且是你的頂頭上司，搞不好會讓你走人，因為每個主管都不希望自己的身邊有這樣的人，包括喜歡誹謗別人的員工。

對同事的誹謗，大多源自於競爭。人在職場競爭是難免的，良性競爭會增強工作上的積極性，促進業績的提升，老闆當然十分贊同並支持。但是如果競爭走向反面，因競爭而誹謗、中傷，那就已超越了競爭的界限，是人格上的一種自我損毀，老闆必然「除之而後快」。

對公司的誹謗，大多源自對工作環境的不適應，包括不能接受老闆的領導和工作的安排，以及對自己待遇的不滿。當然，不滿是普遍存在的，老闆或許有失誤，對待下屬或許確實有不公平之處，然而誹謗不是解決問題的辦法。有意見可以提出來，老闆正是在不斷地接受意見中提高管理品質的。如果既不明確地提出意見又私下裡誹謗公司和老闆，這樣的員工無疑是辦公室裡的不穩定因數，對於他們，老闆只會毫不客氣地給予責難。

淑英業務能力尚佳，就是那張愛誹謗和造謠的嘴很使老闆生厭。她是老闆的秘書，知道很多公司商務秘密和老闆個人隱私，她總是喜歡講「我告訴你，可是你不可以告訴別人」的「秘密」。沒多久，公司上上下下都知道了許多不知是真還是假的「秘密」，搞得謠言滿天飛、人心浮動，在老闆的盛怒之下，淑英只好捲鋪蓋走人了！

誹謗者是一群專門無中生有的人。可能每個公司的員工中都會有這種人存在。這些人是老闆在公司裡不能信任的人，他們總是在傳播關於公司和同事的不實傳聞。

誹謗的人在造謠之前把消息來源稱之為模模糊糊的「有人說」，這是識別這種員工的捷徑。

老闆面臨的最艱巨的管理挑戰之一就來自於這種人。最簡單的解決辦法就是請他們離職。

職場新貴致勝心法

人的忍耐和寬容總是有限的，而且誹謗多了，往往也會使一個人的形象變得慘不忍睹。所以，老闆千萬不能縱容那些喜歡誹謗的員工，對他們抱什麼期待。

無信譽可談

有許多上班族認為，關於晉升，只要有能力就行，事實卻不盡然。老闆的確是很看中能力的，但老闆眼中的人才，一方面是要有真才實學；另一方面是要有信譽，即人品好、有忠誠度。實際上，後者往往比前者更為重要。這也就是為什麼能力一樣，那些沒有信譽的員工就是不如人品好的員工晉升快的根本原因。

在人力資源部門，對於能力達到標準的應徵者，從高層的經理到低層的員工，公司都會下大功夫調查他們的信譽。這不是看自傳報告和履歷，而是對每一個人進行背景調查，包括家庭背景、以前所在單位的績效和口碑、跳槽原因等。當然，這些調查都是暗地裡進行的，最後人力資源的主管會以這些為憑證，決定你是否可以錄用。所以，一個人平時最好還是注意信譽，不要臨時抱佛腳。當然，信譽也不是一時半會就能得到的，它有一個積累的過程。

瑞祥是一家小公司的董事長，他正是因為聘用了一個沒有信譽的會計而毀了自己的一生。

當那位職員辭職後，瑞祥在檢查自己的帳單是否付清的時候，發現這個會計分別簽下了兩個總數為三萬美元的支票來支付她自己的信用卡帳單。為了掩蓋其行為，她偽造了瑞祥的簽名並且把這些支票記錄為公司支出。瑞祥也曾發現過她這樣的行為，但當他指責她時，她便立即懇求他的原諒，並且聲稱這是她第一次這樣做，所以瑞祥輕信了她。

但是行政部門調查顯示的卻是另一種結果。最後，她不得不為自己在過去五年內盜用了公司一百萬元的罪行辯解，但瑞祥認為她盜用公司資產的實際數目可能要將近兩百萬元。瑞祥為了自己退休後的生活而累積了三十三年的積蓄現在全部沒有了，儘管法庭判決那個會計十八年有期徒刑以及償還所有贓款，但瑞祥也不太可能拿回自己的錢。到目前為止，他所得到的賠償只有一萬元左右，這迫使五十六歲的他不得不把自己的退休時間無限地向後延長。

誠信的反面就是欺詐。員工對公司進行欺詐的行為出現在所有類型的企業中，小型的、中型的、大型的以及盈利型和非盈利型的公司中都曾出現過類似被欺騙的遭遇。

誠信是為了不損人，欺詐是為了不損己。誠信可能損了私利卻得了人心，欺詐或許會保住私利卻失了人心。員工的欺詐行為不僅造成了公司經濟方面的損失，從另一方面來看，這種欺詐的行為也轉移了公司管理高層的注意力並且降低員工的士氣。而更嚴重的是，像銀行、慈善機構以及金融機構，也由於商業企業中出現的員工欺詐行為所造成的影響而失去了信譽。

人無信不立，市無信則亂。一個企業，一個老闆，缺少資金可以借貸，但有了缺少信譽的員工，不論是多大的公司都會被這些人毀掉。所以，那些沒有信譽的員工，一旦被上司查到，他們的下場只有「走人」一途。

某大學一個系主任，向本系的助理教授許諾說，要協助他們當中三分之二的人升等。但當他向學校申報時，卻出了問題。學校不能給他那麼多名額。他據理力爭，跑得腿瘦，說得口乾，還是解決不了問題。他沒把情況告訴系裡的助理教授，只對他們說：「放心，放心，我既然答應了，一定會做到。」

最後，職等評定情況公佈了，眾人大失所望，把他罵得一錢不值。甚至有人當面指責他失信，而學校主管也批評他是「本位主義」。從此，他既在系裡的信譽掃地，也得不到學校主管的好感。

其實，他應該把名額的問題告訴大家，誠懇地道歉說：「對不起，我原先沒想到。」並把每次努力爭取的情況也向大家轉述。這樣，即使助理教授初時有些怪他信口開河，也會諒解他。可是，他輕諾失信，最終只能落了個吃力不討好的下場。

職場新貴致勝心法

從全球經驗來看，許多公司的衰亡都是因信譽危機造成的，而其直接原因，往往來自於內部管理層和員工的舞弊或失控。大家不會忘記巴林銀行的倒閉，正是那些不負責、不誠信的員工使跨國公司迅速破產的。

洩漏公司秘密

「資訊間諜」是隨著商戰應運而生的。對於那些洩漏公司秘密的員工，任何一個老闆都會恨之入骨。一旦碰到，不管動機如何，必然使用法律手段用以維護自己和公司的利益。

在每個公司裡，很多資訊都是有商業價值的，必須嚴防死守，所以一個不想自毀前程的員工最基本的條件就是，不該知道的，絕對不要去打聽；已經知道的，就要守口如瓶。如果洩漏了機密，其直接後果就是給公司帶來經濟損失，而間接影響則不可估量。不管你是刻意的還是無意的，輕則永不得晉升，重則被公司開除，甚至會受到法律的追究。

小王和小趙是大學同學。畢業後，小王在一家電腦軟體公司做程式設計師，是公司的業務骨幹，小趙在另外一家同類公司做市場。兩家公司都在開發同一種前景廣闊的辦公室應用軟體，是最大的競爭對手。當小趙知道小王是其所在公司在這個項目的核心人物時，就和自己的公司老闆商量，決定透過小王竊取競爭對手的商業秘密。

幾天後在接到小趙的飯局邀請後，小王想都沒有多想就去了，兩人幾年沒見面，所以又是吃飯，又是泡酒吧。最終，被灌醉的小王毫無設防地將公司的機密資料和盤托出。

結果，本來遙遙領先於對手的小王所在公司被對手捷足先登，打了個措手不及，巨額研發費用化為肥皂泡沫。看著滿商場的同類產品，小王氣得渾身發抖，羞愧難當地離開了公司，當然，他更怕自己洩密的事敗露後會受到法律的追究。一份本來前途光明的工作就這樣砸掉了。

俗話說：「沒有不透風的牆。」那些洩漏公司秘密的員工，只要沒有管住自己的嘴巴，總有一天會被老闆抓住把柄的。

小米原是一家旅遊公司的導遊小姐，後來由於績效突出被晉升為經理秘書，前途一片光明。這家公司的老闆三十五六歲，經營有方，公司營運良好，生意一樁接著一樁。每次職員們都忙得不亦樂乎，但秘書小米卻心不在此，她不滿足於經理秘書的薪資和待遇，總是想學某些同行，撈點外快。

她一直等待和尋找著機會。一次，在一家商場閒逛的時候，發現收銀機前有一位女士與收銀員小姐發生了爭吵，於是前去湊熱鬧，仔細一聽，原來是一場誤會。她便幫這位女士解了圍，這位女士出於感激，邀請她喝咖啡。盛情難卻，她也就去了，沒想到兩人攀談起來甚是投機，從中她得知這位女士是市內一家旅遊公司的老總，同行有共同語言，而且小米還另有所圖。所以，在聊了幾個小時之後，她們互相留了聯繫方式才分手。

從那一次之後，她們又碰了幾次面，彼此都感到很愉快。有一天小米接到那個女士的電話，她說最近生意一直不好，很是苦惱。由於當時是上班時間，小米沒多說什麼，只說了幾句安慰的話就把電話掛了。

恰巧，第二天早上一上班，小米的老闆就對她說有份大客戶的資料，請她著手安排一下。她聽後心中一陣狂喜，心想機會到了。於是在大家都出去吃中飯的時候，小米第一時間把這個機密發送給了那位女士。等到她們老闆派人去接客戶的時候，卻被告知，客戶已被另一家旅遊公司接去了。為此，老闆非常氣憤，認為必定有人洩漏了秘密，但經過一番查問，也沒有結果。小米以為萬事大吉了，從此以後更是一發不可收拾，頻頻販賣公司的機密給那位女士，致使公司收入逐步下滑，到了岌岌可危的地步。

但她萬萬想不到的是，那位女士竟是老闆離異的妻子。終於有一天，小米接到老闆的一通電話：給妳放個永久的假期，去購物吧！原來他們兩口子關係復合了。要不是那位女士是小米老闆的妻子，恐怕小米早就吃了官司了。

辦公室人際關係錯綜複雜，其中形形色色的人都可能存在，但最可怕的便是那些裝作正派的「間諜」，他們往往口蜜腹劍、不擇手段，藉此贏得上司的信賴和同事的敬重，背後卻做著損人利己的勾當——洩漏機密。他的可怕之處是讓別人很難抓住把柄，從而使整個辦公室裡人心惶惶，充滿危機。因此，只有擦亮雙眼，提高警惕，仔細觀察，謹慎處事，被查出來的這些員工最好自己走人。

職場新貴致勝心法

每個老闆都不會喜歡洩漏機密的員工，尤其是處在秘書這樣的位置上。不少公司都訂下了不准員工洩漏機密的規定，明知故犯的員工等於是在向制度挑戰，何況老闆自有他的一套防守辦法，如果洩漏機密被老闆發現，後果將是身敗名裂。

欺上瞞下

欺上瞞下者為了達到個人目的，經常熱衷於投機取巧，瞞天過海。

秉謙工作能力極強，充滿虛榮心，私立大學的學歷使他覺得沒面子，於是花錢買了美國某大學的假文憑，並憑此順利混進了一家大公司，四處吹噓他是留學回國的「精英」。

留學回國的頭銜果然比較搶眼，連老總也開始重視他。但沒過多久公司的該校同學聚會就使秉謙原形畢露了。從此秉謙狼狽不堪，雖然老總沒說什麼，但他很快就被迫在為數不少的真正該大學畢業生的曖昧眼光中離開了公司。看來還是應了那句話：「若要人不知，除非己莫為。」其實學歷不好又何必自卑呢？文憑又不等於能力，而且這家大公司的老闆才小學畢業而已呢！

實際上，欺上瞞下說到底還是誠信問題，缺乏誠信的員工哪來的晉升機會？「要是沒有信賴感，人與人之間或是團隊與團隊、部門與部門之間就沒有合作的基石。」愛德華茲．戴明表示，「沒有信賴的基礎，每個人都會試圖保護自己眼前的利益；但是這麼做卻會對長期的利益造成損害，並且會對整個體系造成傷害。」無以計數的企業正是由於有了若干欺上瞞下的員工，才在客戶的心目中喪失了信譽。

公司中，某些員工常抱怨老闆的苛刻和公司制度嚴格，背後的原因是這些員工習慣於投機取巧和欺上瞞下，卻吝於付出與成功相對應的努力。所以，越來越多的老闆們開始重視員工的信譽，他們有嚴格的監督和考察制度，用以杜絕這種行為的發生，對於有這種行為的員工，更是深惡痛絕。

其實，信賴是一個相互的過程，只要你賦予別人信賴，別人最終也會以同樣的態度待你。而欺上瞞下所產生的負面影響往往是一個連鎖反應。一個員工由於達不成工作任務而對上司使用了欺騙的手段，最直接的後果就是導致工作進度的延緩。這種行為和目的一旦得逞，就會形成一種慣性。同時，辦公室裡的其他員工勢必會產生心理上的不平衡──既然欺騙和投機取巧也能蒙混過關，我何必埋頭苦幹呢？所以又導致了團隊士氣的低落，最終有可能瓦解整個團隊的士氣，形成惡性循環，從而使公司蒙受巨大的損失，包括經濟和信譽，都將產生危機。

職場新貴致勝心法

一個合格的、敬業的、有責任心的領導人，必須對這種欺上瞞下的行為給予打擊和扼制。幸運的是，無論何種欺瞞手段，勢必會在細心地觀察和分析之後露出端倪。對於這樣的員工，老闆絕不能留情面，應該從大局入手，當面指責，如屢教不改，那就只好請他走人了。

揭露別人的隱私

所謂隱私，必有隱情，一般不會告訴他人。辦公室不是私人場所，所以也就不是談論私人生活的地方。那些喜歡談論別人隱私的員工，毫無疑問會使人生厭，甚至怒目以對。

同事的隱私一旦從某人之口傳出，必定會使該同事在辦公室中輕者羞愧，重者顏面掃地。該同事對洩漏隱私者恨之入骨，兩者的友情會徹底決裂，也許在工作中還會成為對頭。這樣發展下去，終會被上司發現，不論對誰都不是一件好事。

漂亮的婉婷在一家不大不小的外商公司做業務代表。她不只是漂亮，同時也很能幹，銷售業績常常在部門裡名列前茅，頗受總經理允強的賞識，為此婉婷也很自豪。

小雪是這家公司的出納，她和婉婷之間曾有過不愉快。那是小雪在某天下班前結帳時發現現金少了兩千元，她仔細想了半天，這天只有兩筆支出：一筆是報給行政部一百二十元的文具費，另一筆就是付給婉婷一萬多元的獎金了，所以小雪就問婉婷是不是自己多付給她兩千元。婉婷很不高興，回嗆說是小雪暗中作怪，還想冤枉好人。小雪氣得臉都白了，如果不是允強剛好走進辦公室，兩人差點吵了起來。

高傲的婉婷並沒有意識到自己已經得罪了人，她不知道內向的小雪把這件事記在了心裡。但畢竟婉婷上百萬的業績為公司帶來了極大的利潤，而且總經理對她是那麼器重，聽說近期正準備提升她做業務部主管呢！所以小雪深深地知道，憑自己一個小小的出納是無論如何也扳不倒婉婷的。

但小雪卻發現了婉婷的秘密：每天下班後總會打扮一番的婉婷，原來是和總經理允強在一起！憑著女人的直覺，小雪感到這裡一定有什麼事，果然，經過幾次不露痕跡的盯梢，她「成功」地發現了婉婷和允強的曖昧關係。

自以為抓住了婉婷小辮子的小雪又驚又喜，她把婉婷的行蹤記錄得清清楚楚，然後輾轉打聽到婉婷老公的電話，在確認婉婷正和允強在一起的時候，約婉婷老公在那家婉婷和允強常去的飯店見面，把「約會紀錄」攤開給那個目瞪口呆的男人看。然後她微笑地看著這個被妻子蒙在鼓裡的傻傢伙敲響了客房緊閉的門……

後果是可想而知的，婉婷的老公堅決要求離婚。當小雪的名字最終落進婉婷的耳朵裡時，她在憤怒中飛快地在離婚協議書上簽下自己的名字。而第二天，暗自得意的小雪也收到了總經理允強親筆簽字的解約通知。小雪最後成了這場「辦公室戀情隱私戰」中的犧牲品。更令她悲哀的是，婉婷最後和允強結婚了。

這種抓住別人的隱私做把柄的手段，最終都會激起當事人的憤怒和報復，特別是當對方是自己的上司時，這種危險的機率更是達到了一百%。

和小雪有相同遭遇的還有阿清：當他得知自己的上司經常上酒店找小姐的隱私後，便把自己調薪被拒絕的怨氣全部發洩出來，把花心上司狠狠地批了個狗血噴頭，而他的日子也就在自己那日的痛快淋漓中走到了盡頭：合約到期時，技術能力不錯、職位又高的他成了唯一一個沒有續簽的人。眼睜睜地看著不如他的同事不但穩穩地捧著飯碗，而且還高高興興地加了薪，阿清終於意識到正是自己犯了談論上司隱私的錯，斷送自己的前程。

人人都有好奇心，對於一旦獲知的秘密，是很難忘記的。如果是在偶然的機會獲得秘密，最好控制自己，裝作不知道這件事情，不要使事主懷疑到自己的頭上，並盡量避免加入談論他人隱私的行列，因為談論和傳播別人的隱私實際上是一種人格缺陷。

有個長舌的老婦人向牧師承認自己說過許多人的閒話，她不知道還有沒有辦法可以彌補。牧師並沒有對她說教，只是給她一個枕頭，要她到教堂的鐘樓上，把枕頭裡的羽毛散到空中去。她照著做了。牧師說：「好吧，現在把每一根羽毛再收集起來，放回枕頭裡去。」這位老婦人為難地說：「牧師，那是辦不到的！」牧師很嚴肅地說：「同樣的，要追回所說的每一句閒話，那就更難辦到了。」

這個外國小寓言頗像我們的一句老話：覆水難收。所以，永遠記住別人的隱私是別人的私事，不是你的，因此不要妄加評論，更不要去追問。

職場新貴致勝心法

職場中談論別人的隱私，是導致辦公室不和諧的重要因素。老闆當然也明白團隊團結的重要性。那些喜歡談論別人隱私的員工，不是道德敗壞，就是別有企圖，這樣的員工很難在企業有立足之地。

拉幫結派

老闆最希望看見所有員工都從公司的利益出發，齊心協力，最不願意看見在員工之間存在一些「小團體」、「小幫派」，因為他們重視個人的利益，往往忽視了公司的利益，那麼這樣的員工必定也得不到晉升。

有些人，特別是那些對自己能力沒有自信的人，不管到哪裡，第一任務就是拉關係、找後台、抱大腿、拉幫結派。也許短時間內可以如願以償，並因此而很快適應了環境，得到了一些利益，但這樣的關係不可能長久，對方恐怕因為你的平庸而受到拖累，這種建立在某種利益原則上的「小幫派」，也就頃刻間土崩瓦解了。

拉幫結派興風作浪，只會使人際關係複雜化，降低工作效率，很容易拿原則做交易，以小利益犧牲大利益，最終損害公司利益。作為公司老闆，一般都對拉幫結派的做法極其反感和警惕，對於任何拉幫結派的苗頭和企圖，老闆都會毫不手軟地壓制和扼殺。

對於員工來說，要避免拉幫結派帶來的不必要麻煩，就要和同事保持適當的距離，做到「君子之交淡如水」。

同時，辦公室裡的處世之道是對每一個人要盡量保持平衡，盡量處於不即不離的狀態，也就是說，不要對其中某一個同事特別親近或特別疏遠。在平時，不要老是和同一個人說悄悄話，也不要總是和同一個人進進出出，否則，難免疏遠其他同事，從而被誤認為是拉幫結派。特別是如果你經常和同一個人咬耳朵，別人走近時又不說了，那麼別人不免會產生你們在說人家壞話的想法。

某出版集團最近成立了漫畫部門，嘉明如願以償地成了其中的五名編輯之一。在才華洋溢的主編老周的帶領下，該部門眼看著日趨壯大。但誰也沒想到，一場因為加班而引發的爭鬥不期而至……

過年前，當別的部門還在瘋狂趕稿時，嘉明他們已完成了所有準備。可是在例會上，總編卻要求大家都加班，說是「大家都別閒著，別讓上面抓住小辮子，樣子賣力點，也好加薪。」老周當即反駁：「工作講求效率，沒必要做秀給別人看。」看得出來，總編臉上有點掛不住。

過了兩週，總編總算找到了「機會」：老周度蜜月去，請了長假。臨走前他曾囑咐：「大家一定要團結，努力做出成績，別讓這個部門被拆散了。」可第二天，總編立刻就對老周的部門採取了行動——每天召開部門會議，一連就是一星期，會議的主題只有一個：反覆強調剩下的四個人要對他直接負責，該部門的工作內容需要全面調整。

以後，總編的小動作不斷：試用期過了，漫畫部門人員的薪資額卻明增暗減，公司裡更在盛傳漫畫部門已經被判了「死刑」。沒幾天，總編直截了當地對嘉明說：「公司裡要調整職位，你的文筆不錯，應該可以找到新的工作。」很快，另外三個人同遭厄運：一個同樣被辭，總編找人傳話，就把他打發了；一個調到市場部；最後一個「獨木難成林」，請了長病假。人事經理事後悄悄告訴嘉明：「老周不在，誰也保不住你們。」

這就是辦公室政治。另外，「派系鬥爭」通常都發生在傳統公司裡，一邊是和老闆一起創業的「元老」，自謂勞苦功高；一邊是公司的新秀，都是企業組織裡的高層。這種派系鬥爭最易消耗企業元氣，其表層特徵常常為：元老與新秀桌面握手，台下踢腳，或者各自為政，雙方明爭暗鬥。「元老派」的鬥爭主題是捍衛主權；「新秀派」的鬥爭主題是拓展權力，鬥爭實質仍不外乎是利益和權力。

還有一種是老闆所屬的「嫡系」和其他「非嫡系」間的過招。老闆要培養親信，日久天長「嫡系」自然產生。「嫡系」可能並非權力至上的人，但影響力非同一般，具有很普遍的優勢。「非嫡系」一般是看不慣「嫡系」唯老闆馬首是瞻、狐假虎威的做法，可謂有天自有地，「嫡系」與「非嫡系」的鬥爭也是辦公室派系鬥爭主旋律之一。

員工之間因利益關係而拉幫結派，又因利益競爭產生某種程度的敵對情緒，因而人心渙散，士氣雖激昂卻只關心「鬥爭」，根本就談不上什麼工作實績。所以，同事之間相處，一定要防止陷入這種既害人又害己的泥坑，尤其不能與某一個或某幾個同事結成同盟，以對付主管和其他同事，否則，後患無窮。

職場新貴致勝心法

任何行為的產生必有原因也必有結果。拉幫結派原因眾多，而結果只有一個，那就是破壞團隊運作，影響工作效率。一個有責任心的老闆，應該隨時保持警惕，防止這種行為的產生。

壓制新同事的員工

沒有一個老闆喜歡壓制新同事的員工，這樣會嚴重阻礙團隊的發展。我們都知道，同事間相處的一條基本準則就是相互尊重。從本質上說，人與人之間在人格上是平等的；從工作關係上說，老鳥員工和菜鳥員工屬同事關係，年資雖有高低，但關係是平等的。所以，那種壓制新同事的行為，實際上就是倚老賣老，這對於老闆來說，最不希望看到。

在職場有很多員工，或是出於競爭的緣故，或是出於心理上的優勢，總是喜歡壓制新來的員工，特別是喜歡壓制那些學歷高、技術好的新員工，動不動就指揮他們做這做那，儼然成了「上司」。對這種員工，老闆心知肚明，如果不給予他們「顏色」，那麼其結果只會扼制人才，使公司蒙受人才流失的代價。

有兩位中年婦女憑藉資歷成為某公司的財務總監、副總監，享受著優厚的薪資和福利待遇。後來，公司新招了一個知名大學的財經系畢業生小姚，兩位「老人」頓時感到危機四伏，因為小姚的工作能力極強，除了懂財務，還懂行銷、懂外語、懂電腦，更曾經獲得全國珠算大賽的一個重要獎項。雖然當初老總介紹她時，特別叮囑兩位總監要多指點她，但有自知之明的「二老」只感到有一種前所未有的壓力。

經觀察，兩人見這個女孩年紀輕輕，性格柔弱內向，看來不是個難對付的人。於是，密謀一番後，「二老」對她制定了「全面遏制」政策，處處為她設置障礙，盡量不讓她接觸核心業務，甚至連電腦也不讓她碰，生怕她有朝一日取而代之。其實，對於「二老」壓制人才的這些行為，公司老總多少是知道的，但是礙著她們的老資格，雖然很生氣，還是假裝不知道。

慶幸的是，這些障礙並沒有難倒小姚，她有珠算天賦，所以，經她之手的帳目，全部做得漂漂亮亮、無可挑剔。一段時間以來她都忍辱負重，工作上一絲不苟，精益求精，老總明顯有意提拔。一次，「二老」做的一個重大項目的帳目又被國稅局指責不符規範，面臨處罰，公司老總再也忍無可忍，給「二老」施加壓力，要小姚參與全面的「糾錯」。不久，老總毅然決定由小姚擔任公司財務總監，「二老」從事內務。

像小姚這樣忍辱負重的新員工畢竟不多。很多老闆對公司裡那種倚老賣老、刻意壓制新人的行為都深惡痛絕，因為大家都知道，這樣的行為將會影響人才的發展，甚至影響到整個團隊素質的提升。可想而知，喜歡壓制新同事的員工終將受到老闆的敵視。

職場新貴致勝心法

「革命不分先後，功勞卻有大小。」企業和老闆需要的是能創造效益的員工，而不是關注誰的資格老。所以，如果在採取了必要的制止措施後，還有壓制新員工的行為，那麼，這樣的員工不僅不能信賴，也不必再留下。

第5種員工

眼裡沒有上司

NO!

做誰的和尚就撞誰的鐘

自甘墮落，拒絕創新

違背職場遊戲規則

品德低劣，搬弄是非

眼裡沒有上司

永遠都在找藉口

不珍惜時間與財物

缺乏團隊精神

直接頂撞上司

常言道：「忍一時風平浪靜，退一步海闊天空。」然而，有很多員工極易感情衝動，動不動就頂撞上司，最終落入冷宮，甚至被掃地出門。因為他挑戰的不是別的，而是老闆的權威。客觀地說，老闆的權威並不是自封的，而是在大風大浪裡自然形成的。尤其是那些新公司更需要老闆樹立自己的權威，它是凝聚力、效率的保證，是管理所必須的一種手段。因此，哪個老闆都不會喜歡頂撞上司的員工。

趙平業務能力不錯，但他是個牛脾氣，常常得理不饒人。由於他深得老闆賞識，大家也只能忍氣吞聲。但萬萬想不到，他不知好歹，在公司眾多員工面前頂撞老闆，最終栽了。

那一天，趙平聯繫到一筆業務單子，對方來電想下訂時，他在外地出差。回來後老闆的女秘書麗玲忘記告訴他這件事，直到他打電話過去才知道客戶等他不及，已經另外找了供應商，還說早就請麗玲轉告。

由於公司業務人員的主要收入是銷售抽成，所以趙平對麗玲的疏忽完全不能原諒。在公司例會上，他將這個問題提出來，向麗玲發難，好似猛虎下山要吃掉麗玲。麗玲是老闆的紅人，哪裡吃他這一套，和他爭論起來。老闆制止了好幾次，趙平胸中的怒火越來越大，居然罵起老闆來，甚至暗示老闆和麗玲關係曖昧。終於老闆震怒了，當場要他另謀高就。個人業績和老闆的威信孰輕孰重，是不言而喻的。

能夠得到主管提拔的員工，對老闆有意見時會想出多種提出的方法，但直接頂撞必定是不明智的。老闆或許有錯，這時理直氣壯地直言或許能偶爾生效，但大多數情況下卻恰恰相反，會使事情更糟。這涉及上司的尊嚴問題，上司的面子至關重要，給了上司面子，才能給自己一條寬闊的晉升大道。

某公司公關部職員小孟，就是由於直接頂撞上司而斷送前程的。在呈送一份報告給經理時，沒留意到經理的臉色不好，而這時，經理提筆改了報告中引用的某報紙的一段話。

「這句話不能改。」小孟提醒經理。

「為什麼不能改？」

「這是引用報紙上的原文。」

「報紙也有錯的時候！」經理瞪了他一眼。

「不用這段話也行，但改動原文恐怕不太好。」小孟還在堅持自己的意見。

「我說了算還是你說了算？」經理粗著嗓子喊道。

從此經理記住了這個小小職員對他的頂撞。每次研究晉升主管時，最具備實力的小孟都由於某種原因而敗退了。

老闆中也有脾氣大的人，性子比較急躁，做事風風火火，遇見矛盾更是怒火中燒。與這樣的主管相處，員工要了解他的性格特點，同時要理解他的個性，認真做好本職工作。主管交代的事，不拖延耽擱，做事利落些，工作前做好各種準備。

當遇到這樣的主管發火時，最好的辦法就是從長遠考慮，硬著頭皮洗耳恭聽。正確則心裡接受，不對則事後私下再找機會說明，如果直接頂撞無疑是火上澆油。

理智很容易受情緒的支配，直接頂撞正在發火的上司，只會將上司推到理智的邊緣。何況，這種矛盾往往是由於工作上的原因引起的，所以上司的發火，無論怎麼說也是出於對工作的考慮。

不管主管發火在不在理，也不管你有多少理由，在其火氣正盛之時，一句解釋的話也是多餘的，頂撞則更不明智。應在主管發完脾氣安靜下來後，找個合適的時間來做解釋。

如果主管對下屬的責難是錯誤的，下屬就更應該在事後澄清，免得留下陰影。但是，雖然真理在手，下屬仍要講究策略。不妨先認一點自己的錯誤，然後再話鋒一轉，解釋事情的真相和原委。一個聰明的老闆，在這時絕不會再動肝火。

其實，事實勝於雄辯，行動勝於表白。用工作中的表現來反駁老闆，是最為有效的辦法。

李進忠剛出社會時，由於經驗不足，三天兩頭地被上司指責，但這反而激發了他的鬥志。三個月後他就因績效突出成為單位的業務骨幹，指責聲自然也就停止了。而跟他一起進公司的另一位大學生則因受不了「委屈」，早早地辭職走人，很長一段時間也沒能混出什麼名堂。

辭職走人是一種逃避，只要把握好忍耐和抗議間的尺度，爭辯方法適當，老闆也不會輕易就讓員工走人。

上司發火有時是不可避免的，比如他性格直率、脾氣急躁，有什麼說什麼，不能輕易控制自己。面對上司的發火，員工可以惹不起就躲。「躲」不是偷偷地溜進洗手間，或藉口找一份資料走開，而是對症下藥，先了解上司為什麼會發火。對於錯誤，有則改之，無則加勉。如果不是自己的錯，則要發揮一點阿Q的精神，可以當沒有聽見。

雯雯以前有個上司，軍人出身，脾氣大得要命，大家都不喜歡他。但是雯雯與他相處從未發生過太大的矛盾。原來雯雯發現他氣過了就忘，從不記在心裡。所以他在發脾氣時，雯雯總是暗暗地一笑了之。

職場新貴致勝心法

一般來說，大多數員工都能透過自我控制和合理調解處理好與上司的矛盾，但是，現實中有一部分員工，對於老闆的指正和批評，從來「不吃這一套」，兵來將擋，水來土掩，絲毫不留情面，甚至以頂撞上司作為榮耀。這樣的員工不僅使上司的威信掃地，還嚴重干擾著正常的管理和經營。

沒有感恩之心

人們可以為一個陌路人的滴水之恩而湧泉相報，卻往往無視朝夕相處的老闆的種種恩惠，將一切視之為理所當然，沒有一點感恩之心。要知道，是老闆發掘了我們，認為我們是可用之才，即使僅是為了用我們的才能創造利益，但至少給我們機會使自己的才華得以展現，使我們認為自己無論對社會還是對家庭都是一個有用的人，我們還有什麼理由不對老闆懷有感恩的心呢？

你事業中的每一點進步都不要忘了感謝老闆和同事，感謝提供機會給你的公司。如果沒有老闆的知遇之恩，你還能施展自己的才華和抱負嗎？沒有人能夠一出生就會跑，當然也不可能一個人隨隨便便不經歷職涯就取得輝煌。世界上不是還有那麼多在職場中摸爬滾打的人嗎？老闆正是賦予我們工作舞台的人，我們有什麼理由不去感激他們呢？

或許有些職員因為老闆的不公平待遇而不屑於感恩。然而，作為下屬，要有這樣的想法：無論老闆做出什麼樣的決定都有自己的理由。老闆作為公司的領導人，作為大局的掌舵人，凡事都是應該從大局出發的，不可能事事只為單一個人考慮。如果什麼事都從某個人的角度出發，那麼他就不是真正合格的老闆。

老闆也有老闆的難處，員工應該理解作為老闆的難處，待人如己不僅僅是一種道德法則，它還是一種動力，能推動整個工作環境的改善，常常站在別人的角度上為別人考慮，多想想別人的難處，你身上就會散發出一種善意，影響和感染著老闆和同事，使你工作起來更加得心應手。如果一個員工總是以個人利益為重，對老闆充滿敵視，這樣的員工就很難晉升。

經營管理一家公司或一個部門是一件既複雜又繁瑣的事情，來自競爭對手、來自客戶、來自公司內部巨大的壓力，隨時都會影響老闆和上司的情緒。這些都是人之常情，員工也都應該理解。要知道老闆和上司也是普通人，有自己的喜怒哀樂，有自己的缺點。很多人對自己的老闆和上司不理解，誤認為他們不近人情、苛刻，阻礙有抱負的人獲得成功。老闆和上司並非完人，他們之所以成為老闆、成為上司，只是因為有某種他人所不具備的天賦和才能。因此，員工應該用對待普通人的態度來對待老闆和上司。

如果有誰認為感恩毫無意義而忽視它，那就是大錯特錯了。感恩並不僅僅是回報公司和老闆，對於個人來說，感恩是豐富的人生感悟，能使一個人的人生變得更完美。它也能夠增強個人魅力，開啟神奇力量之門，發掘出無窮的智慧，使一個人在工作中充滿激情和力量，給了人一種積極向上的動力和敬業精神。

感恩也像其他受人歡迎的特質一樣，是一種習慣和態度。時常懷有感恩的心，你會變得更謙和、平易近人且高尚。每一個上班族，都應該為自己能成為公司的一員而感恩，為自己能遇到這樣一位老闆而感恩。

張志誠和同學楊超凡、高俊秀畢業後進入同一家大公司就職，他們學歷相同，一樣沒經驗。但是，高俊秀的職位卻比張志誠和楊超凡高一級，薪資高出許多。楊超凡為此心裡十分不平衡，工作起來也就敷衍塞責。張志誠則不同，並沒有因這種不公平的待遇而心生不滿，仍是兢兢業業地做好每一項工作，並且在做好自己工作的同時還主動幫助楊超凡。他有這樣的心，是因為在上班的前一天，他母親這樣說：「無論遇到什麼樣的老闆，都要感謝他給你機會，要盡心盡力地工作，如此一來表面上看是幫老闆的忙，其實，最終受益的還是你自己。」

張志誠將這些話牢牢記在心裡，自始至終秉承這個原則工作。即使初進公司時就受到不公平的待遇，也沒有抱怨，仍懷著感恩之心，主動做好每一件工作。

他的這種認真被楊超凡嘲笑為「傻勁」。可是，不久之後，張志誠的「傻勁」就換來了收穫，坐上了主管的位置，而楊超凡，只能在又一次的抱怨中原地踏步。

真正的感恩是真誠的，是發自內心的感激，不是為了某種目的迎合他人而表現出的虛情假意，與逢迎諂媚不同，感恩是自然的情感流露，是不求回報的。一些人從內心深處感激自己的上司，但是由於害怕世俗的流言蜚語，而將感激之情隱藏在心中，甚至刻意疏遠老闆，以表自己的清白。這種想法只能使自己與老闆之間缺乏有效的溝通，從而為自己的事業蒙上陰影。

當然，人世間並不是所有的事情都是對等的，當你的努力和感恩並沒有得到相應回報的時候，也不要心存怨恨。每一份工作、每一個老闆都不是盡善盡美的。但是，仔細想一想，自己曾經從事過的每一份工作，多少都存在著一些寶貴的經驗與資源。即使最後失敗，也總還給了你一份教訓吧。

職場新貴致勝心法

沒有感恩之心的員工，不是一個合格的員工，這樣的員工只知道索取，不知道付出；只看到金錢，看不到感情。所以，他們對事業沒有使命感和責任感，對工作沒有激情，對老闆沒有忠誠，此類員工也很難有所發展。

喜歡越權

公司是一個有嚴格分工的機構，各司其職是公司的基本要求，也是公司之所以生存的依據。作為公司的主管，沒有人喜歡哪個員工在工作中，認不清自己的位置，不了解自己的工作範圍。而那些無法完成分內的事，但喜歡插手分外的事，尤其經常做出越位越權事情的員工，無疑是在自毀前程。

積極主動、按部就班地做好分內的工作，是一種有效的配合；最大限度地發揮自身的潛力，富於創造性地做好分內工作，則是一種有力的配合；而主動協助上司和同事則是最佳的配合。可是，有時也會出現過猶不及的情況。超出自己的職權，插手了主管的工作，即使做得很出色，往往也會招致主管的反感。

職權是什麼？它其實不單單是一個工作範圍的問題，還涉及到個人的尊嚴。超越職權不僅喪失了自己的尊嚴，也侵犯了他人的尊嚴。老闆的尊嚴和權威是制度化的產物，不重視職權，就是向制度挑戰。

老闆對職權的看重，絕不僅僅是因為個人感情上的優勢，而是管理的一種需要。富於現代領導意識的主管，不僅懂得如何授權，有時還會下放自己的某些職權，把本屬於自己做的一些工作，交給他認為值得信賴的下屬去做。此時，作為下屬，一定要全力以赴，發揮自己的極限水準去做好。

替主管分擔工作，排憂解難，是最及時，也是較難得的配合。但是，下屬絕不能因它的難得而得意忘形，一不小心就越過了職權，那勢必勞而無「功」。應當注意的是，這種授權必須是主管的主動委派，一般情況下員工最好不要主動要求，以免主管認為你插手太多有越權之嫌，也避免因自己做不好而使主管產生反感，認為你不自量力、好表現自己、爭功買好等。對一些非常規性的、職責界限模糊的工作，最好請示主管自己是否該做，否則，往往會不自覺地造成越權行為，好心辦錯事。

在所有超越職權的行為中，最為老闆所難以接受的，莫過於在決策上的越權了。因為決策是一個老闆最本質的工作，連這個職權也要超越的員工，無疑就是「篡權奪位」。

張先生是某中學的校長，而李女士是管後勤的副校長，該中學準備興建一棟教學大樓，需從兩家設計公司中選擇一家來設計該教學大樓。按理說，應由校長和副校長共同確定設計公司後，再由副校長具體組織實施。但甲設計公司透過熟人找到李女士，表示希望能夠承擔該工程的設計，李女士為了賣個人情，表示她同意由甲設計公司設計。為了早點拿下案子，甲設計公司就將李女士的話告訴張校長。張校長雖然本來就同意由甲設計公司設計該教學大樓，但對李女士這種變相的決策越權做法十分不滿，從此兩人之間的關係蒙上了一層陰影。

身為下屬，你必須明白，處於不同層次的人，決策職權是不一樣的，有些決策你可以做，有些決策必須由上司做。如果只知道按自己的意願去做，那麼無論結果是否對公司有利，對老闆來說都是不利的，因為這顯示他在這一方面的無能，而這對你來說就更不利了。

如果你認為這項業務確實有利於公司，你應該透過各種方式聯繫上司，用請示的口吻向他彙報，徵求他的意見，能當面彙報更好。你可以幫助他分析，但最後必須由他拍板。這樣做無論結果如何，上司都不會怪到你頭上，還會為你記上一功。但是，如果老闆已經明顯流露出不滿，而你還滔滔不絕地自我陶醉，那你可就太沒有自知之明了。

同時，有些問題的答覆，往往需要有相應的職權作支撐。作為職員、下屬，明明沒有這項職權卻要搶先答覆，會對主管開展工作造成干擾，實為不明智之舉。

還有，某些場合，如與客人應酬、參加宴會，也應適當突出主管。有的人作為下屬，不管主管在不在場，張羅得過於積極，甚至過分表現自己，這樣凸顯自己太多，凸顯主管不足，風頭蓋過了主管，使主管面子盡失，無台階可下。對這樣的員工，主管也不會輕易看上。

張女士是一位不善言談、性格內向的企業家，而她的秘書彭小姐則是一位相貌出眾、談吐幽默並具有鼓動力的女中豪傑。在張女士的創業過程中，彭小姐曾立下汗馬功勞，可以說，沒有彭小姐，就沒有張女士今天的企業。但當張女士和她的秘書彭小姐在一起的時候，周圍的人員都為彭小姐的容貌和才華傾倒，因此言行舉止都以彭小姐為核心，反而把張女士當成彭小姐的陪襯。

在創業時，張女士對這種現象只能忍受，但在事業有成的今天，張女士便忍無可忍，最終找人取代了彭小姐。

職場新貴致勝心法

古時候，越權的臣屬不是被抄沒，就是被打入冷宮，甚至誅滅九族。現代職場中雖不是封建的官場，但是，職場自有其潛在的規則，誰若破壞了規則，誰就難有出頭之日。

不服從上司的決定

如果要問什麼樣的員工最難管理，相信大多數老闆都會說是那些不服從自己決定的員工；如果再問他們怎樣管理這樣的員工，相信老闆們都會說：「不是我炒他們，就是他們炒我。」那些能留在公司裡並被老闆賞識的員工，懂得服從老闆的決定，即使在自己有不同意見的時候也是如此，他們會向老闆呈述自己的建議，但是仍然會聽從老闆的指示。

那些或是一無所求，上進心不強，對老闆吩咐的工作滿不在乎；或是自以為懷才不遇，恃才傲物，無視老闆的員工，都屬於紀律觀念不強、服從意識差的人。這樣的員工，很難被重用。

阿福雖然在工作上卓有成效，但他不喜歡經理經常對他指揮來指揮去。時間一長，經理也看出了他對自己心有不服，便逐漸疏遠阿福。終於有一天，忍無可忍的阿福跟經理大吵一架後，憤然地摔門而去。

阿福失去了一份令人羨慕的工作，開始尋找自己未知的天地。但問題是，如果他跟下一位經理的關係還是很緊張，那麼是否還會摔門而去，另覓他處呢？

員工服從老闆，是開展工作、保持正常工作關係的首要條件，是融洽相處的一種默契，也是老闆觀察和評價自己下屬的一個指標，更是無可爭議的絕對原則。

作為下屬，對待老闆應該忠誠，而服從則是忠誠的主要表現形式。千萬不要將服從當成是對自己人格的貶低。以寬闊胸懷堅持服從第一的原則是明智之舉。即使你對老闆的決定不滿意時，也應該這樣堅持。這樣做，老闆會心知肚明，知道你在情感上掩藏著極大的不滿，但理智地執行了他的決定，了解你對他地位的尊重與信任，對於你的氣度和胸懷，將充滿佩服，甚至敬重之情油然而生。

相反的，頂撞老闆將使自己與老闆的關係，在某個特定時段陷入緊張狀態，進入不愉快的合作氛圍之中，緩和、改善這種僵局所付出的代價，可能比當初忍辱負重的服從還要大出幾倍或幾十倍，「早知今日，何必當初」，倒不如委婉反對，在勸阻失敗後全力執行老闆的決定，並盡最大的努力使事態往有利於公司的方向發展。

這裡所講的服從，絕不是「愚忠」和毫無原則地奉承。事實上，服從也有技巧。有一個現實許多不懂服從技巧的員工不願面對：在企業或公司裡，同樣都是服從老闆、尊重老闆，但每個人在老闆心目中的位置卻大不相同，為什麼？他們不知道，那些受到老闆器重的人，大都肯動腦筋，對老闆布局的任務在執行過程中勤於彙報，勤於請示，主動出擊，經常能使老闆滿意地感受到他的命令已被不折不扣地執行，並且收穫豐碩。相反的，憤憤不平者卻僅僅把老闆的安排當成應付公事，被動應付，不重視資訊的回饋，甚至不知道事態的發展和變動，一根筋執行到底，所以不知不覺地犯了錯。

服從老闆的決定是展示忠誠的最好辦法，一般來說，下列這些行為都是老闆所讚賞的：

1.重視跟老闆積極配合

有些老闆出身低微學歷不佳，專業知識不精。這樣的老闆，往往更在乎自己在下屬心目中的位置，越是這樣的老闆，越對下屬的反應敏感。你不妨借鑑他多年的管理經驗，以你的智慧與才幹彌補其專業知識的不足，在服從其決定的同時，主動獻計獻策，既積極配合老闆想法，表現出對老闆的尊重與支持，又能施展自己的才華，實現自己的人生價值，成為老闆的左膀右臂，如此老闆不但會記住你，更會感激你，是一種聰明的處世之道。

2.先服從並立即行動

老闆重視員工的才華，更重視他們的服從和行動，因為服從和行動的結果，直接證明老闆的決策執行水準和品質。所以，如果你真有心，想發揮自己的聰明才智，就應該認真執行老闆下達的任務，巧妙地彌補老闆的失誤，在服從中顯示不凡的才華，既表示對老闆的忠誠，又顯出了自己的能力，智慧加巧幹，老闆又怎麼能不賞識？

3.關鍵時刻更要服從

當老闆交代的任務執行起來確實有難度，其他同事又不願承擔時，要有勇氣出來承擔。關鍵時刻服從一次，勝過平日工作中服從十次，在老闆心目中的地位可想而知。

某企業一單身職員因患重病住進了醫院，老闆動員同事們去探望，但大家面面相覷，無人表態，老闆很尷尬。眼看著沒人回應，老闆無法收場，這時，有一位年輕的新進人員主動站出來，解了燃眉之急。老闆大為感動，公開表揚，私下感謝當然不在話下。

4.請示比順從更重要

很多老闆並不希望透過單純的發號施令來推動下屬開展工作，也不希望自己的下屬只是一味地服從。在老闆看來，請示老闆的下屬比順從老闆的下屬更高一個層次。的確，這是一種變被動為主動的技巧，它不僅展現了下屬的工作積極性、主動性，還增加了被老闆認識自己的機會。

這種反傳統的「自下而上」的工作方式，已越來越為現代型的老闆和下屬重視。聰明的下屬善於在處理關鍵問題時向老闆多請示，勤彙報，及時徵求老闆的意見和看法，並善於把老闆的想法融入到待辦的事情中。關鍵處多請示是下屬主動爭取老闆支持的好辦法，也是下屬做好工作的前提。

職場新貴致勝心法

善於服從的員工，在與老闆相處時，老成持重，行事中庸。事成有大功，事敗並無錯。這不是單純的中庸之道，而是工作的需要。向老闆展示忠誠的最好辦法就是服從老闆的決定，並且在服從決定的同時發揮自己的能力，幫助老闆作出正確的決定。不服從老闆的決定，甚至和老闆對立的員工，永遠沒有出頭的機會。

戲弄上司

老闆代表的是公司，他的利益就是公司的利益，而公司的利益和員工的利益從根本上是一致的。所以要想取得「雙贏」，就必須和老闆同舟共濟。但有的人卻認為企業是老闆的，你賺多賺少，跟我有什麼關係，於是出於蠅頭小利，或者乾脆毫無意義，只是出於一種不平衡的心理支配，對老闆玩起了「太極手法」，報喜不報憂，敷衍應付，戲弄上司。

老唐是一家建築公司的原料部門主管，每年公司所需的大量建築原料都是他一手經辦，這是個肥缺，很多相關供應商都巴結他，回扣「吃」得他腰都彎不下去了。其實，當初老闆是看他做事安分守己，才讓他負責這個重要職位。

剛開始時，老唐確實還把持得住，但人也會隨著地位和環境的變化而變化，在供應商的金錢攻勢下，財迷心竅，漸漸地揩起了自己公司的「油」，從膽戰心驚地收了第一筆五萬元回扣開始，一發不可收拾，胃口越來越大，將原料的品質和數量都弄虛作假。久走夜路終碰鬼，很快的品保部門就發現了老唐的問題，最終將他移交司法單位，他不僅僅丟了飯碗，還受到法律的制裁，實在是得不償失。

或許，有些人要弄老闆的辦法高明得足以不被發現，但是，他萬萬沒有想到，最終要弄的是自己，因為他不只沒有在職場中學到新的才能，就連原有的一些淺薄的知識和技能，也在挖空心思的欺騙中失去了，到頭來，連做人最基本的誠信也丟失了。

紀曉嵐的故事相信大家早已耳熟能詳，劇作家筆下的紀曉嵐，鐵齒銅牙，一個菸袋裡面裝滿了許許多多風趣幽默事，和高官貴人被他戲弄得如同小丑的趣談，就連九五之尊的乾隆皇帝，也成了紀大菸袋戲弄的對象，而且紀曉嵐還得了便宜又賣乖，使乾隆一手將他提拔到封建官場的高位之上，真是使人羨慕不已。可是，在現實之中，誰要是一時頭腦發熱，想學一學電視劇中的紀大菸袋，那可就大錯特錯了。

讓我們先來看看故事中的紀曉嵐是如何「戲說」乾隆的：

紀曉嵐在擔任《四庫全書》總編輯的時候，有一次率領大夥兒在圖書館內整理藏書。當時正值盛夏，天氣酷熱難耐，紀曉嵐又是一個胖子，一到大熱天就連氣也喘不過來。他脫了上衣，把辮子盤在頭上，光著膀子搖著蒲扇接著做。恰巧乾隆沒打招呼，僅僅帶了兩個貼身侍衛闖進了館內。

臣子光著膀子拜見皇帝是大不敬的罪名。紀曉嵐聞報，已經來不及穿衣服了，只好順勢鑽進桌子底下，用帷幕遮蓋著。不料動作雖然快，但遠沒有皇上的眼快，乾隆皇帝老早就瞧見他鑽進桌底了，決定要他一要，於是傳旨令大家各自照常辦公，不必離座，其他人遵旨行事。

乾隆故意在紀曉嵐的座位上坐下，靜靜地翻閱他整理的古書，不發一言，想借機戲弄一下這位紀老夫子，看他到底能堅持多久。

紀曉嵐在桌下等得實在受不住了，側耳一聽，外面確實沒有動靜，以為皇上已經走遠，就從桌底下鑽出來，問：「老頭子走了沒有？」

剛一抬頭，猛然瞥見乾隆正端坐在自己的座位之上，無奈話已脫口，覆水難收。

乾隆聞言龍顏大怒，大喝一聲：「紀昀你好大的膽子！」

紀曉嵐見事已到這個份上，害怕也沒有用，就咬著牙爬起來，穿好衣服，伏地請罪。

乾隆皇帝餘怒未消地說：「其他的事暫不追究，你先解釋一下『老頭子』這三個字的意思！」

同僚們一看皇帝動了氣，都嚇得大氣也不敢出，哪敢上前說情？倒是紀曉嵐沉得住氣，他略一思索，答道：「『老頭子』是京城臣民背地裡對陛下您的尊稱。皇帝萬歲，為天下之大老，故稱『老』；皇帝居萬民之上，乃萬民之首，故稱『頭』；皇帝即一輩子，故稱『子』。臣以為皇帝已去，脫口而出，不能免俗，還望陛下恕罪。」

還有一次，乾隆巡視東南，曾登臨泰山，地方官見皇上駕臨一次不容易，就請他題字勒碑以作紀念。乾隆喜歡舞文弄墨，誇耀自己的文治武功。地方官的要求正中他的下懷，於是欣然命筆。他心中本來想好了四個字，那就是「而小天下」。這句話源出《孟子》一書，原文是「登東山而小魯，登泰山而小天下」，很有氣勢，十分契合他的皇帝身分。

乾隆破筆入紙，當下寫了長長的一橫在紙中間。誰知寫完以後他卻犯難了，因為「而」字為上部一短橫，現在接著寫「而」必定是不行了，臨時改寫其他字吧，一時又想不出合適的來，只好用筆在硯台內反覆蘸墨。旁觀的人都覺察出了乾隆的尷尬處境，可是誰也不敢去幫他這個忙，唯有紀曉嵐站出來，說了一句：「陛下是不是想寫『一覽眾山』這四個字？」這四個字語出杜甫《望嶽》一詩，原句為：「會當凌絕頂，一覽眾山小。」既有「而小天下」的意思，又巧妙地隱去了「小」字。乾隆於是提筆一揮而就。

不可否認，紀曉嵐能主持編纂《四庫全書》，自有他過人的聰明之處，可是，人在官場，尤其是封建官場，如果真如故事中說的那樣，恐怕紀曉嵐再有幾個腦袋也不夠挨斬了。所以，職場中人，以此解悶可以，但切忌圖一時之快，學紀曉嵐這種「小聰明」，否則，只能是「聰明反被聰明誤」。

職場新貴致勝心法

有些人當著老闆的面是忙得不可開交，背著老闆就消極怠工，甚至假公濟私。但老闆豈是等閒之輩，雖然不能萬事皆知，至少也可以透過現象看到員工的本質。假象只能是暫時的，當你正慶幸耍弄老闆的手段高明時，他已經在翻看你的業績了。那是硬性的，是可以量化的。瞞得了一時，卻瞞不了一世。

等待上司來「請教」

等待上司來「請教」的員工之所以不能出頭，是因為老闆們心裡都很清楚，那些每天早出晚歸的人，不一定是認真工作的人；那些每天忙忙碌碌的人，不一定是優秀地完成工作的人；那些每天按時打卡、準時出現在辦公室的人，也不一定是盡職盡責的人。關鍵是看一個人的工作態度是否積極主動。而一個等待上司來「請教」的人，必然是一個工作態度不積極的員工。

拿彙報工作來說，先向老闆交了書面報告，如果再做個簡要的口頭彙報，效果會更好；如果事先沒有安排就進了他的辦公室，而他正忙著，最好另約個時間口頭彙報一次。你還可以使他有所選擇，告訴他：「我明白您希望能盡快實行新擬的方案，可是我有些問題需要您的回覆，等有了結果是發 E-mail，還是電話聯絡呢？」

主動找老闆「商量」會給他留下一個好印象。在他的思維意識中有這樣的理解，認為你尊重他，做事有積極的態度，無形中已經在他心裡記下你這個員工了。

小朱在原來的公司做了好幾年，那段時間，她的薪資優厚，因為業績高，抽成多。但她並沒有因此而平步青雲，因為她不善於主動與老闆商量事情，要等老闆來找她，因此始終得不到垂青。後來她來到了一家新的公司，決定改變以前的工作態度和方式。

她在新公司工作約兩個月後，收到了一份傳真，傳真上說，她花了兩個星期爭取的一筆業務出現了問題。如果是從前，她會等老闆親自來問，才向老闆彙報，但是現在她馬上就去找老闆。將事情原委說明清楚以後，老闆立即打電話向對方表明立場及處理方式，使事情及時解決了。事後，老闆對她的及時彙報相當滿意，還在員工大會上表揚了她一番，鼓勵大家向她學習。

對每一個企業和老闆而言，他們需要的絕不是那種循規蹈矩，等待上司來「請教」的員工。或許，有的老闆怕失去現有的地位，所以，凡事必從自身條件出發，以他為中心，樣樣事情希望你對他「沒有私心」。與這樣的老闆打交道，更不能由於小細節的疏忽，不注意及時請示和彙報，從而給他留下一個「瞞上」和不尊敬他的印象。否則，一旦這種印象產生，很難把這樣的感覺糾正過來。

凡事最好主動請示，切不要自作主張，並且對每份要呈送的資料，盡量分析得詳細一點，哪些資料老闆會感興趣，哪些資訊是不可漏掉的，哪些彙報方式是老闆易於接受的……要從一開始就仔細觀察他問問題的方式方法，以及查清楚他關注的焦點，在他還沒有開口以前就將原因、過程、結果解釋得清清楚楚。凡事想在他前面，講在他「請教」你之前，久而久之，他就會對你刮目相看。

有時老闆因為工作繁忙或其他原因，對你的工作沒有做出明確指示，有時因為老闆不在或者無法聯繫，員工對突發的事情難以做出決定，這就需要員工平時勤於請示彙報、及早主動與老闆溝通。若是老闆要出差或有較長時間離開的情況下，更要將工作中可能會發生的事情想清楚、想全面，向老闆請示明白工作的方向，甚至是每個過程的細節，對出現的突發情況該怎麼處理，這樣就可以令老闆對你放心，同時，也能幫助你系統地確知自己的工作任務，減少工作障礙。

即使是面對那些過分自信，樣樣事情都要過問，使你沒有表現機會的老闆，也不能忽略主動請示，而且與這樣的老闆打交道，更要抱著學習和接受培訓的想法。你應該慶幸為這樣的老闆工作，可以不出學費多學一些他處理問題的思路和方法。同時，要將這些方式進行歸類，詢問他為什麼會以這樣的方法處理事務。然後，在一些工作問題上主動與他「商量」，發表自己的見解，當他了解到他的管理對你和你的工作有所幫助，便會十分樂意教你各方面的技能。

向這樣的老闆學習你會受益匪淺，千萬不要表現出不買帳或厭煩的情緒。如果可以掌握他的規律性，將更有所幫助。你可以利用一些委婉的方法，主動與老闆「商量事情」，進一步理解他的想法，以主動的態度去贏得老闆的重視。

職場新貴致勝心法

職場中的主動，絕不僅僅是工作上的主動進取，一個敬業的員工，還應該在與老闆的溝通中積極主動。那些態度消極被動，避免和主管打交道，甚至看見老闆繞著走的員工，出人頭地的可能性微乎其微。

妄圖取代上司

人都有進取心，誰也不願意一輩子為別人工作。幸運的是現代企業給每一個有作為的人提供了晉升的機會，只要你有才能，符合企業晉升的要求，就能夠改變原有的地位，甚至由「受雇者」一躍而成為「老闆」。但是，晉升制度是一個企業最為嚴格的制度，如果不按部就班而妄圖取代自己的老闆，只能落個惹禍上身的下場。

現代企業制度中的一個重要特點，就是企業所有權和經營權分離，由此誕生了一些專業經理人，即那些擁有專業管理、經營能力並以此為專業的人。他們是企業的管家，具有比較獨立的管理權和經營權，是形式上的「老闆」，但本質的身分依然是「受雇者」，只不過是「戰略性工蜂」，是「具有管理和經營權的受雇者」而已。

個別專業經理人若心理失去平衡，不甘於「萬人之上、一人之下」的地位，抱著「取而代之」的心理，對大老闆沒有歸屬感，產生了「有權不用，過期作廢」的心態，這就不僅僅是心理失衡，而是心術不正了！他們一邊對大老闆陽奉陰違，一邊偷偷培植自己的勢力，想方設法取得不屬於自己的東西，一旦自以為掌握了核心資源，就妄圖真正取代大老闆，甚至直接向大老闆挑戰。但很顯然的是，由於從一開始就不清楚自己的位置，高估自己的能耐，低估創始人的能力，終於落得個雞蛋碰石頭的結局。

記住，沒有人會無緣無故地成為你的老闆，除了能力和拼搏之外，還有一些機遇也成就了他們。比如人們都會認為管仲比齊桓公，蕭何比劉邦，諸葛亮比劉備，劉基比朱元璋強得多，還有歷史上不計其數的宰相都比他們的主公賢明，但他們註定只能夠坐到「CEO」這個位置。封建官場的三大忌是「功高蓋主，才大欺主，權大壓主」，在現代職場中，也同樣適用。

何宗翰是一個專業經理人，是某知名大學的 MBA，在某企業老闆的邀請下加盟該公司任 CEO。老闆是個只有國中學歷白手起家的企業家，經過十多年的打拚，其企業產品已經行銷全國，員工達到上千人，但此刻遇到了所有家族企業的通病——管理混亂、裙帶關係嚴重等等。老闆的思想比較開明，力排眾議，決定用高薪招賢納士，何宗翰就在眾多的競爭者中脫穎而出。在迎接新何總的全體員工大會上，老闆隆重介紹他，並鄭重宣佈從此以後辭去總經理職位，只擔任董事長，不過問公司的具體管理和經營，全權交由何總負責。

何宗翰的價值從此在公司裡得以施展，而且事後證明，老闆兌現了自己的承諾，完全放手沒有干涉公司的具體事務，即使有很多人打新老總的小報告，老闆也絕不輕信，還批評了「告密者」。年底時，老闆也按照合約付給他高額年薪。

剛開始何總經理兢兢業業，為企業注入了一股活力，無論管理還是業務都大有起色，對老闆畢恭畢敬，但隨著他威信的不斷提高，親信的不斷增加，以及他對業務的日益熟悉和關係網絡的日益廣泛，「活力」漸漸形成了「勢力」，他也掀起了經理人風波。他先是偷偷利用自己的親戚成立一家「代理人公司」，將雜七雜八的費用都拿過來報銷，以公司的資源餵肥了私人的空殼公司。在公司內部，他居然還想和老闆平起平坐，刻意地淡化老闆的影子，處處突出自己，今天在電視上誇誇其談，明天在雜誌封面上搖頭晃腦……外人只知何總，不知該企業老闆。最後，一家優良的企業被掏空了，而CEO卻成了一顆冉冉升起的企業家新星！

然而，多行不義必自斃。由於公司的財務漏洞越來越大，很快陷入困境，董事會強烈要求進行財務監管，這本來是董事會正常的監督權利，但何宗翰做賊心虛，以種種理由拒絕，企圖掩蓋自己的醜惡行徑。老闆終於被激怒了，召集老部下策劃了一次「宮廷政變」，輕易就將這個心術不正、貪得無厭、不知天高地厚的專業經理人掃地出門，並且送上法庭。

職場新貴致勝心法

這種「授之以漁」，反過來卻去「釣老闆」的員工大有人在，他們最可惜的地方，就在於企圖借現成的屬於別人的資源去取代別人，這樣的員工不但不能倚重，還應該敬而遠之。

第6種員工

永遠都在找藉口

逃避錯誤

不肯承認錯誤的員工往往自尊心極強，尤其是涉及一些處事作風，更加不肯讓步，以致本來可以順利完成的工作，經過許多波折，浪費了公司的時間和資源，這正是問題的關鍵所在。最煩人的是，如果直接指出他們的錯處，他們會堅持否認到底，以保自尊。然而，在老闆心目中，這已經不僅僅是自尊的問題，而是涉及到公司的利益，當然也不會輕易屈服。

工作中的錯誤和失敗在所難免，但凡歷經過艱難創業的老闆，都能夠以平靜的心態面對下屬的錯誤，但是，老闆最忌諱不承認錯誤的員工，對這樣的員工必會予以「打擊」。

老陳從某大學畢業之後，到一家化工廠任技術員。經過幾年的磨煉，在老同事的幫助下取得了一定的成績，並且被提拔為生產部門的副主任，負責生產部門的生產技術工作。大概是幾年來的一帆風順，以及各種表揚與肯定，使老陳這位副主任春風得意，漸漸地滋生出一種自以為是的心態，總覺得自己了不起，看不起他人，也不尊重別人的意見。

有一次，生產部門的生產發生了一些問題，產品品質也受到影響。他到生產部門看過之後，便立即斷言是某一道工序中化學原料的配比不合適，認為在投放新的一家企業提供的原料後，原有的配比必須改變。根據他的意見，工人們做了調整，但情況仍不見好轉。

此時，另一位技術人員提出了不同的見解，認為問題的癥結並不是新的原料，而在於設備本身的問題，對此，老陳內心覺得技術員的看法有較大的合理性，但是，礙於自尊沒有採納。因為，他覺得自己是負責全生產部門技術與工藝的主管，也算得上一位小小的技術權威。如今判斷出現了失誤，反而不如一位普通技術員，如果隨便地承認或接受建議，豈不是太丟人，也太沒有面子了。所以，為了顧面子，他一方面繼續公開堅持自己的看法，另一方面私下指派專人對設備進行必要的檢查和調整。當然，問題最終解決了，老陳在羞愧之中又有幾分得意，自認為總算掩飾了自己的失誤，挽回了面子。殊不知，他這樣做，反而是丟了大面子，因為老陳的這種作為大家都看在眼裡，當成笑話，並從心底瞧不起他。

與此相反，有一位小型工廠的廠長，在決定向某大廠提供產品之後，由於經濟形勢和某些改革措施的變化，這一協議不得不中止，原來的客戶也打了退堂鼓。在這種情況下，廠長並沒有因事情的客觀原因而推卸責任，勇敢且坦率地向全廠員工承擔了這次失誤的全部責任。在此之前，也曾有人勸他不必這樣做，認為會失去威信丟面子。但是，廠長自有主張。結果，在他做出檢討之後，公司董事來工廠了解情況，並徵求大家對繼任廠長人選的看法，大家不約而同地給予了廠長很高的評價，並一致同意將他留任。

為什麼會這樣呢？他公開檢討和承認自己的失誤，難道不是丟了臉，失了面子嗎？為什麼反而得到更大的讚譽和認可呢？原因就在於能夠坦然面對自己的失誤，使大家看到一個敢於承擔責任，勇於改正錯誤和缺點，有膽識有魄力的主管。相反的，儘管此事他也許並沒有太大的責任，也完全可以把失誤歸咎於客觀原因。但是如果他表面上似乎是非常公正地為自己辯護，維護自己的面子，大家反而會責怪他，失去原有的信任。

還有一些年輕而富有衝勁與理想的員工，處事過於衝動。他們過分崇拜效率，缺乏對事情的縝密分析，以致工作雖然如期或提早完成，卻出現許多後遺症。光是收拾後遺症也耗去不少精力和時間。當然，更有一些員工一味憑感覺用事，最終使工作陷入泥潭，舉步維艱。

對於一部分犯錯者來說，不可否認，他們的效率極佳。如果忽略這個優點，僅僅指責他們的瑕疵，會使他們感到洩氣。可惜有時候，他們把重要的環節給漏掉了，如果任由這樣的情況發展下去，將成為一種習慣，而且下屬無法從錯誤中得到改進。這也正是老闆應堅持要求員工承認錯誤的原因──不承認錯誤，又怎能改正錯誤？

職場新貴致勝心法

老闆的最終目的是希望犯錯的員工改正錯誤，不使同樣的錯誤再出現，不使公司的利益因其錯誤再受損失，而且也是為了提升他的能力。如果他始終堅持己見，堅持錯誤的觀點和工作習慣，無疑就是漠視公司的利益，當然，也漠視老闆的權威。

不敢承擔責任

一個員工如果不能明確承擔自己的責任，就不能認清失敗的原因何在，當然也無法處理失敗導致的後果。這樣的員工非但不能督促自己改正錯誤，反而會落入一錯再錯、怪罪別人、不求長進、重蹈覆轍的惡性循環中去。

美國西點軍校學生常說：「沒有任何藉口，長官！」（No Excuse, sir!）當你犯錯或未完成任務時，不要馬上就想到找什麼樣的藉口，而應該坦承自己的錯誤。

任務意味著責任，意味著既要有使命必達的責任心，也要有承擔風險的責任心，更要敢於在工作出現失誤的時候，主動承擔責任。工作中出現失誤是常有的事，它與自己處理不當有關，不僅不可推卸責任，更不能說這是因為老闆的指揮失當。

出版社媒體經理文菲正為一件事左右為難：公司要求市場部做一個新媒體推廣計畫，但主管大鵬一直沒有跟她討論這項工作，也沒有規劃工作進度。前幾天，大老闆向文菲詢問計畫進度，大鵬竟然表示他不知道文菲做了些什麼，因為文菲沒有向他彙報。大老闆大發雷霆，將文菲狠狠地罵了一頓，還要她在期限內完成工作。文菲不知道該不該將事情的原委告訴大老闆。

老同事智平得知文菲的苦惱之後，勸她道：「勇於替上司背黑鍋是贏得上司信任的捷徑。要是頂頭上司犯了錯誤或者得罪了他的上司，上級主管正在對他大發雷霆，這時候，就需要妳挺身而出了，拿出勇氣，大聲向上司的上司交代，這錯誤全是因妳而起，處分應該由妳來承擔。切記一定要聲情並茂，最好能聲淚俱下，感動上司的上司。這樣一來，妳的上司見妳如此夠義氣，自然會感動不已。在共患難之後，他絕對會把妳看作『自己人』而努力栽培妳。」

而文菲的另一個同事則說：「不背黑鍋的方法其實很簡單。最易行的就是，不馬虎，事事有根據，白紙黑字，即使錯了也有充分理由解釋。」

聽完兩位同事的忠告，文菲說：「唉，這次我『有幸』作為背黑鍋的人選，好在過失沒什麼大不了的，說實在的，只是不願損害大鵬的『英明』形象而已，這次就認了。但吃一塹長一智，以後我會盡量把工作白紙黑字地記錄下來。遇到任何疑問，立即向他提出。」

當然，我們並不提倡為了晉升而替上司背黑鍋的做法，該是誰的責任，就應該由誰來承擔，這是天經地義的事情，關鍵的問題是，如果是屬於你的責任，你就不應該推拖。

一旦犯了錯誤，先別急著為自己找藉口，那只是斷送自己的前程，因為錯誤已經成了事實，最大的禍首就是你的失誤，其他藉口都是次要的。

推卸責任的員工即是不面對現實，或者扭曲現實。心智不成熟的人總是怪罪別人，包括老闆、秘書、公司，甚至於命運、手氣、星相、任何人、任何事，只除了他自己。心智比較成熟的人則會自問：「我到底什麼地方不對勁，出了這種差錯？」「我疏忽了哪一件事？」最後則思量：「下次我要怎樣做，才能避免失敗，達到目的？」

職場新貴致勝心法

真正事業有成的人都是忠誠負責的人。他們對自己、對別人、對任何事都同樣負責，因而能在很多方面取得令人仰慕的成就。所以一個人首先應該對自己負責，勇於承擔責任，才能在積極上進的心態指引下，學到工作的經驗，總結失敗的教訓。試想，一個連自己都不敢面對的人，又怎麼能贏得老闆的信任和賞識呢？

互相推諉

某些員工總是在說：「這不歸我管」、「我盡力而為吧」、「我很忙，實在沒時間想那麼多」、「經理，我們試過了，沒辦法」。其實很多事情，並不是不會做、沒辦法做，只是不想對做事的結果負責。因為負責就意味著付出，付出就意味著會多占用自己的時間、精力，當這些付出得不到明確的回報時，很多人就不願去負責。總之，如果得不到明確的個人利益，他們總有一套推諉的理由。

找藉口推卸責任的員工有一項特質，就是將自己的個人利益與企業利益劃分得清清楚楚，對個人利益斤斤計較，卻將工作視為例行公事，「做一天和尚，撞一天鐘」，還以不能勝任為由，替自己的能力「設限」。

現實中，老闆總是抱怨員工工作責任心不強，工作不積極，坐等主管交辦任務，自己則因不斷地發布命令和指揮大家做事而忙得團團轉，但底下仍有很多應該做的工作被閒置，甚至連有些明確做出指示的事情，也不能按時且保質保量地完成；而員工們則抱怨企業分工不太明確，職責界限模糊，導致大家只能被動地聽指示，主管說一件事情自己就去做一件事情，主管沒有交代事情的時候，好一點的員工會自己隨便找點事情做做，而差一些的員工則在喝茶、聊天、看報紙、上網消磨時光。員工們有無數「推卸」的理由，諸如：有時候自己做多了不僅不討好，反倒有可能使同事不高興，害怕侵犯了別人的職責範圍等等。

林朝生是一家大型企業的業務經理，剛一上任就遇到了麻煩：許多部屬經常向他提出一些他們應可以自行解決的問題，公司大事小情都推到他這裡，要他想辦法，攪得他根本無法正常工作。

他明白，這些部屬的行為是被前任老闆慣壞的，因而捺著性子允許這種情況持續了數日，而後便採取了行動。他分別將部屬叫到辦公室，鄭重地告訴他們，在公司內部每個人都有自己固定的職位和職責，該誰負責的工作就由誰負責，不能越權，也不能互相推諉。今後如果再發現互相推諉的員工，按不稱職處理。這一招果然很靈，自此再也沒有互相推諉的現象了。

在員工中，可能有人很擅長將任務不留痕跡地推給老闆，而這樣的員工平時討人喜歡，看上去非常擁護老闆，當老闆向其下達任務時，撒嬌說：「您負責……怎麼樣？」也可能會說：「我想，這件事如果由您而不是我這個小兵去聯繫，對方可能會更加滿意。」這是比較隱蔽的推諉做法。也可能有人這樣說：「我和負責這個項目的人正鬧彆扭，他不會回我的電話的，您可否打個電話，給他一點顏色？」這樣往往使老闆自覺或不自覺地接受了下屬「分配」的任務。

當然，老闆絕不是毫無心計的小孩，有自己的底線和原則，當然也會發現某些員工的小聰明。

對於那些喜歡將任務當成皮球踢的員工，要委婉而堅決地拒絕，平靜地把下屬踢回的任務交還給員工，說明應負的責任。更要善於明辨下屬是推卸任務還是真心求援，對於那些真心求援的下屬，要有效地幫助他找到解決問題的方法，或指派另一員工協助處理，而對於那些有意「踢皮球」的員工，一定要回絕他們推卸任務的企圖。使其經常得到獨立完成任務的鍛鍊機會，才是杜絕推諉毛病的好方法。

在韓國，對三星公司的員工有一種稱呼，叫「三星人」，這種獨一無二的稱呼展現了三星一種獨特的企業管理思想。在一個企業中，通常是薪資、獎金和福利支撐著每個人，包括員工、主管，甚至是高階經理，促使他們盡職盡責，加班賣命地工作。

而在三星 SDS，從第一線到高階經理，每個人拿的都是年薪，也就是所有員工每年拿的都是一個固定數字的薪酬，沒有單獨的加班費也沒有獎金，而年薪的等級和數額是一年考評一次，調整一次。

那麼，公司是靠什麼方法使員工認真負責、兢兢業業地做好自己的工作呢？三星 SDS 的人力資源經理稱：這就像是在一個家庭中，每個人都有一個角色，或者是丈夫（妻子），或者是兒女，或者是父母，是什麼支撐他們為自己的家庭操勞，無怨無悔地投入和付出呢？是金錢嗎？當然不是，答案是愛與責任。

這就是三星 SDS 管理的核心思想，依靠責任感而不是金錢來激勵員工工作。

當然，公司首先付出了自己的「愛」和「信任」。

在三星 SDS，員工上下班無須打卡，全憑自律，如果早上八點來的，那就五點下班；如果是九點來的，那就六點下班；如果早上塞車來晚了一會，那下班的時候就自己晚走一會。沒有人監督，但是員工都很自覺。在年終評定成績的時候，沒有那種殘酷的硬比例的「末位淘汰制」，如果所有員工在上一年表現都很優秀，那就一個也不用淘汰。

對於偶爾出現的一些「責任心不強」的員工，三星 SDS 也不會立即資遣他，而是透過教育勸導來使他改正。這就像一個家庭中，即使是某個孩子有壞習慣或是犯了一些錯誤，父母也不會輕易說不要他，而是幫助他認識自己的錯誤，這也是三星「家文化」的一種展現。當然，關鍵是三星 SDS 的員工一般都能在這種信任和支持下走入正道。

事實上，三星 SDS 判斷一個人是否具有責任心也是它的用人標準之一。一個人的性格特點可能從打電話向他徵才時就開始了，接電話時的語氣能反映一個人的情緒和性格；還有他面試時的肢體語言，面試遲到時的解釋，包括對服務台的態度等等，都能看出一個人的工作態度。因為一個人是否有責任心不僅表現在一個方面，而是展現在許多細節上。

面試官在打電話通知某人來公司面試的時候，從他應答的細節就可以看出此人的責任心。如果他仍然在原公司供職，而面試官通知他面試時間的時候，他表示手邊有工作，希望更改面試時間，那麼這個人基本上就是一個比較有責任心的人，因為即使他馬上要辭去原來工作的時候，仍然秉持認真負責的態度。

三星 SDS 的用人方式給予人們這樣的一個啟示：即使是工作中的一個細節，也能展現出他的責任心和工作態度。這也給了喜歡推諉的員工敲響了警鐘——如果改不掉自己的毛病，老闆的眼睛可是在一直盯著你！

職場新責致勝心法

推諉責任有一個量的積累過程，是一個不根除就會迅速蔓延的惡習。有時候，前任老闆「事必躬親式」的工作方法，使下屬養成了這種不良工作習慣；另一些則是員工缺乏責任感，本身就沒有完成任務的意識。對前者要予以教育，使其提高工作的自主性，對後者則應給予嚴厲的批評，幫助他們根除不負責任或逃避責任的惡習。

把找藉口當成習慣

在日常的工作中，會聽到各種各樣的藉口：

「不是我故意遲到，老闆，我是準時出門的，但是路上塞車太嚴重。」

「我本來可以完成的，要不是××來攪局。」

「這些東西我以前沒有接觸過，所以做起來有點不習慣。」

「再給我三天我就一定能完成。」

「那是別的同事的工作。」

「老闆我也是人啊，要休息的，不是機器，機器都會出錯，何況是人！」

這些司空見慣的話語只有一個目的，就是找藉口推卸責任，將自己的錯誤推到其他方面，以求得他人的理解和相信。

也許藉口可以使我們暫時逃避責難，但是要知道，短期內也許能夠從各種藉口中得利，但隨著時間的推移，即會發現代價如此的高昂，它對個人的危害其實一點也不比其他任何惡習少。

藉口中代價最高的三個字就是：我沒空！（I haven't time）很多公司的角落裡都存在著

這樣的員工：看起來總是忙得不可開交，給人一種盡職盡責的假象，但實際上，他們是把本應短時間內就可以完成的工作故意拖延。這個藉口的一個最直接後果就是使人養成拖延的壞習慣。這些人不會拒絕任何任務，但卻不努力，以各種各樣的藉口，拖延逃避。對一個渴望成功的人來說，拖延最具破壞性，也是最危險的惡習，使人喪失進取心。同時，老闆要的是效益，拖延要怎麼創造效益？

藉口中最充足的理由是「我沒做過」。任何一個新的任務都需要一定的創新和進取精神，而喜歡尋找藉口的人往往趨於守舊，他們缺乏的正是這種創新精神和自動自發的工作熱情。工作的過程本身就是一個學習過程。不怕做不了，就怕不做。那些不敢創新的員工，做什麼都要人在後面督促，就像擠牙膏，不擠就不動。期望這種人在工作中會有什麼創造性的發揮是徒勞的。適當的謹慎是必要的，但過於謹慎則是優柔寡斷。不敢去嘗試的員工，永遠也開創不了新天地，只能在自己的狹小世界中徘徊。

那些喜歡找藉口的員工，往往將自己的失敗歸咎於工作的困難和對手的強大。事實上，他們可能一開始就敗在了自己的負面思想之下。想判斷一個員工是否具有進取心，一個有效的測試方法，就是問問他是如何看待自己的競爭對手。如果他不思進取，必然會尋找這樣的藉口。

這只能使人變得更加消極，在遇到困難和挫折的時候，不是積極地去想辦法克服，而是去找各種各樣的藉口為自己的懶惰和灰心找理由。要知道，除了自己，沒有任何人可以使你沮喪消沉。戰勝不了這樣的心態，就剝奪了自己成功的機會。所以，要想成為一個優秀的員工，就應該做到絕不在工作中尋找任何的藉口為自己開脫，而是全力把每一項工作盡力做到超出老闆的預期，最大限度地滿足老闆提出的要求。同時對客戶和同事提出的各種要求，也同樣不找任何藉口推拖或延遲。

從本質上講，任何藉口都是推卸責任的一種表現。在責任和藉口之間，是選擇責任還是選擇藉口，展現了一個人的工作態度，同樣也展現了處事的基本素養。當遇到問題的時候，特別是難以解決的問題，一個人的能力和心理都會面臨巨大的挑戰，這是每個人都會碰到的情況。這時候，不同素養的人就會表現出不同的態度，這也就成了成功者和平庸者的分水嶺。

具有積極態度的人當然會想方設法地解決問題，將自己的全部才能用在工作上，但是沒有責任感的人卻會想出各種各樣的藉口來推卸自己的責任，出現問題不是積極、主動地加以解決，而是千方百計尋找藉口，選擇逃避，致使工作無績效，業務荒廢。這時候，藉口變成了一面擋箭牌，事情一旦出錯了，就能找出一些冠冕堂皇的藉口，以換得他人的理解和原諒，以此掩蓋自己的過失，得到暫時的心理平衡。但長此以往，因為有各種各樣的藉口可找，必然會疏於努力，不再想方設法爭取成功，而把大量時間和精力放在如何尋找一個合適的藉口上，最終一事無成，而且原有的能力也可能荒廢。

尋找藉口是一種不良習慣。如果在工作中以某種藉口為自己的過錯和應負的責任開脫，第一次可能會使人沉浸在利用藉口為自己帶來的暫時的舒適和安全之中而不自知。但是，這種藉口所帶來的「好處」會使你第二次、第三次為自己去尋找藉口，因為在你的腦子裡，已經接受了這種尋找藉口的行為。不幸的是，你很可能因此形成一種尋找藉口的習慣。這是一種十分可怕的消極的心理習慣，它會使你的工作變得拖拖拉拉而沒有效率，會使你變得消極而最終一事無成。

職場新貴致勝心法

如果你現在已經有了找藉口的習慣，那麼請盡快改掉，否則註定不會成功。如果你現在還沒有養成這樣的壞習慣，那麼借用一句古話：「有則改之，無則加勉。」在任何時候、任何情況下，都要時刻提醒自己不要為自己的過錯找藉口！那樣你離成功就又近了一步，在老闆心中的地位就又高了一層，獲得晉升的可能性就更大了。

第7種員工

不珍惜時間與財物

時間觀念淡薄

時間觀念薄弱往往是嚴重影響正常工作和公司效益的一個重要原因。那些時間觀念淡薄的員工上班遲到後，理由很多，甚至覺得自己常常超時工作，遲到也是應該的。這不僅僅是遲到的問題，而是一個人工作態度和觀念的偏差了。

有的員工會以塞車作為遲到的理由，實際上只要提前估計一下交通情況、選擇適合的交通工具後，除非是遇上意外，不然的話必能準時抵達公司。何況，不論何種理由，遲到就是違反制度的，就算你前晚工作到深夜，遲到仍是一項不良紀錄，太不划算了，所以，這絕對不能成為遲到的理由。

除了遲到之外，做事拖拉，總是沒辦法在時限內完成任務，老是瞎忙或是打混，也是時間觀念薄弱的表現。

一般來說，造成時間觀念薄弱的原因在於：

1. 目標不明確。
2. 缺少必備的實用知識。
3. 處理實際生活問題的相關經驗和能力不足。

4.缺乏好的生活習慣、思考習慣、工作習慣和情緒習慣。

若是犯了這些毛病，生活不免脫序，工作壓力隨之增加，日積月累，會產生嚴重的挫折感。

一般的企業，對工作的時間安排都有一套嚴格的制度和程序，因為市場經濟下，貨幣化是一種大趨勢，時間也可以用貨幣來衡量，貨幣可以增值，時間也可以增值。也就是說，時間是一種無形的資本。所以，如何利用時間也就成為了如何合理支配資本的問題。

某公司老闆要赴海外出差，且要在一個國際性的商務會議上發表演說。在該老闆臨行的那天早晨，各部門送行。老闆問其中一個部門主管：「你負責的檔案打好了沒有？」

對方睜著惺忪的睡眼說：「昨晚只睡四小時，我熬不住。不過，這份文件是以英文撰寫的，您看不懂英文，在飛機上不可能複讀一遍。所以我想等您上飛機後，回公司去把文件完成，再以電子郵件傳給您。」

老闆聞言，臉色大變：「怎麼會這樣。我已計畫好利用在飛機上的時間，與同行的外籍顧問研究一下這份報告和資料，以免白白浪費坐飛機的時間！」

頓時，這位主管的臉色一片慘白，其後果也就可想而知了。

這就是時間觀念不強的結果。現實中，可能有很多人感覺一直在忙著做事卻做不好，他們花太多時間在走廊上討論上司分配的工作，而非立刻坐在辦公桌前解決問題。對浪費時間的員工來說，需要有人在後面鞭策他們，時間就在他們等待被鞭策時悄悄流逝了。

時間觀念薄弱的人常常會感覺到空虛、無聊，這不單單是缺乏實際的生活目標。根本原因是個人時間的荒蕪所導致的心靈虛弱和空洞化。他不是不願意有目標，而是因為不知道如何合理安排和利用時間，也就沒有足夠有意義的生活經驗來發展良好的自我管理，去發現目標和生活的意義。

有一些成年人，荒蕪時間以後就變得消極頹廢，有些人三十歲出頭，就開始沉溺在平淡舒適的刻板生活之中。將別人拼搏的時間花費在了看電視、看電影、打牌中，甚至不去工作。他們沒有學習，沒有充分運用時間來培養自己的心智，若他們不察覺並改變生活方式，就會一事無成。

職場新貴致勝心法

優秀的員工應該用有限的時間做無限的工作。人生短暫，所以時間無限寶貴。生命是用時間來計算的，珍愛生命就要珍惜時間。職涯是生命中一段很值得珍惜的時間，工作中的時間觀念薄弱，只會導致生命荒蕪，最終一事無成也是一項致命傷！

不會控制成本

有些員工學歷較高，業務能力較強，但就是得不到晉升。這究竟是什麼原因造成的呢？看了下面這則例子，我們就會明白——不會控制成本也是一項致命傷！

羅森畢業後，幸運地成為了世界聞名的松下公司的一名派遣人員。這裡工作環境好，報酬也豐厚，升遷的機會也頗多。羅森工作十分努力，績效也不錯。所以，年終他被上司召見時，對於續約一事，心中不免充滿希望。於是，他正襟危坐、靜候佳音。

「羅森，你這一年的工作成績很好。不過，公司為控制成本要緊縮人事，這是件不得已的事，想必你能諒解，相信你很快就能找到更好的工作。」

他被這意想不到的通知驚呆了，有些不知所措，甚至懷疑自己是不是聽錯了，於是他壯著膽子問：「您的意思是說我被炒魷魚了？我到底哪些地方犯了錯？難道是我工作不努力或者能力不夠嗎？」

「請不要激動，當初公司能從幾百個應徵者中選中你，完全可以看出，你個人的能力沒有問題，工作也非常努力。但遺憾的是，你並沒有把自己當作是企業的一員。」說著，上司拿出一份資料：「據我的觀察和統計，你在一年中的出差成本比同事的成本高出三十%。

從你報銷的單據可以看出，你從來沒有乘坐過比計程車更為方便和快捷的電車，更別說公車了，也從來沒有吃過旅館為每位住宿客人提供的免費早餐。另外，你在辦公用品方面的領用率也幾乎是別人的兩倍，而你遞給我的工作報告也都是打在嶄新的影印紙上的……」

按照普通人的想法來看，羅森工作努力，又有能力，揮霍點又有什麼關係呢？但從松下公司來看，卻完全相反。松下能取得舉世矚目的輝煌，其成功的秘訣就是「質優價廉」——其同類電器產品一定要比別的廠家便宜。正是靠這種微小的差別，他們才得以戰勝對手，贏得顧客的青睞。這必須要求企業上下嚴格控制成本，否則公司的優勢也就蕩然無存。所以，松下公司豈能容忍一個揮霍無度的員工存在呢？

所有的老闆都知道，節儉的員工才是真正看重自己的企業。更為重要的是，宣導節約的觀念，限制內部種種非必要消費，可使資本集中用於生產投資，撙節成本開支必然導致資本的積累，從而也就自然而然地增加了收入。所以說，節儉是一種專業精神，是一種美德。而浪費成本違背敬業精神。

成本是指生產一種產品所需的全部費用。一般來說，企業在生產過程中都有嚴格的成本核算，員工在利用成本的過程中要有嚴格的規定。其主導觀念當然是節約成本，也就是所謂的開源節流。由於直接關係到「錢」的問題，所以，公司和老闆在對待成本問題上向來十分敏感。

福特公司始終嚴格規定，公司內部使用的信封正面貼有一張畫著幾條橫線的紙，一個信封可以數次使用。第一次使用時，收信人名寫在第一行，第二次使用時，收信人名寫在第二行，同時把上次的收信人名塗掉。

在松下公司裡，即使寫張便條紙或者記點什麼東西，如果用了新紙，一經發現，馬上就會受到批評。即使是公司董事長使用的筆記本，也是電腦用過的紙訂起來的。而公司裡用不著的電燈一定要關閉，否則會受到行政部的處分。假若某個員工連續三次忘記關電燈，人事部將會考慮辭退此人。

所謂「防微杜漸」，福特公司和松下公司的這種做法是完全必要的。一個員工的浪費對於整個公司來說不過是九牛一毛，但公司幾萬甚至幾十萬員工如果都浪費的話，這些不經意的「流水」流走的就將是一筆巨大的資產。因此，越是大型企業，越是強調員工必須學會控制成本。如有人膽敢違背這條原則，其結果必然是被企業處罰、拋棄。

職場新貴致勝心法

老闆作為公司利益的代表，為控制成本，不但要在原料的採購上精打細算，在員工的管理安排上也需要動腦筋，嚴格控管生產管理開支，連衡在前線的業務也必須了解控制成本的重要，建立一種利益相通的觀念，把控制成本當成一種義務，當成一種敬業精神。一個不會控制成本的員工，無疑比過剩員工更費成本，所以，這樣的員工升遷的機會也不大。

不注重減少開支

很多員工只重視家庭的理財，卻對公司的資源任意揮霍，不注意減少開支，長此以往，「流水帳」只能將整個公司拖垮。

世上有一筆簡單的帳，簡單得恐怕連小學生都會算：一個水池的蓄水量，等於流入的水量減去流出的水量。如果流入的量是固定不變的，流出量的減少就意味著水池的水會越來越多。相反，流出量的增加只能導致水池的蓄水量減少，甚至當流出量大於流入量時，水池便無水可蓄。同樣的道理，對於一個企業來說，就算收入固定不變，只要開支減少，企業利潤依然會相對增加，也就等於增加了產量，提高了收入。但遺憾的是，現實中有許多員工卻不會或不願算這筆簡單的精細帳。

大名鼎鼎的美國惠普公司，採用了一種「前衛」的「開放式」辦公模式，即全體人員都在同一間開放式大廳中工作，各部門間只有矮屏隔開，除少量會議室、會客室外，無論哪個級別的主管都不單設辦公室，連公司老闆自己也不例外。這種標新立異的辦公模式既有利於上下溝通，創造無拘無束的合作氛圍，更重要的是節省了大量工作空間和租金開支。

惠普公司老闆的這種以身作則的方式，掀起了惠普上下的節支浪潮，而且很快取得了顯著的成效。在公司銷售收入增幅不大的情況下，由於開支大幅減少，公司的利潤反而大幅增長。

其實，不管採用什麼方式，關鍵是明白減少開支的意義，從心裡認同，這樣才能在日常工作的一舉一動中嚴格要求自己。

有「瑞典的比爾．蓋茲」之稱的IKEA（宜家家居）創始人英瓦爾．坎普拉德（Ingvar Kamprad）出差乘飛機時從來不坐頭等艙，平時上班總乘地鐵，一輛開了十年的福斯汽車也很少上路，更別說穿名牌西裝了。

很久以來，在瑞典一直流傳著這樣一個說法：要是坎普拉德有衝動，想在小酒吧裡喝一杯高價的咖啡，那麼他就會到其他小咖啡館去買一杯代替。很顯然，他是個異常節儉的人。而IKEA的股票市值高達五百一十億美元，直逼比爾．蓋茲的微軟。你完全可以想像，一個超級企業的老闆尚能做到如此節儉，他的企業又豈容那些「流水人」的存在。

沃爾瑪公司是全球最大的零售企業，也是全球銷售額第二大企業。沃爾瑪取得成功的原因很多，但節儉作為沃爾瑪企業文化的重要內涵，功勞不容忽視。

沃爾瑪宣導：天天平價，保持優質服務，並與供應商和員工分享利潤。這意味著沃爾瑪公司必須把成本控制在最低，最大限度地減少開支。沃爾瑪的創始人沃爾頓出身農村，有著勤儉節約的本性。為了壓低成本，他和公司管理人員在出差時八個人睡一間房。就算成為全美首富之後，沃爾頓照樣駕駛一輛破車，出差乘經濟艙。即使在他死後至今已十餘年之久，這種勤儉的風格仍深深地根植於沃爾瑪公司的企業文化之中。

儘管沃爾瑪的股票市值高達兩千五百二十億美元，公司的一些高階經營管理者已邁入全球首富之列，可在簡樸的公司總部仍然保留著創始人沃爾頓的節儉精神。總裁史麥特的座車僅是普通商務車。出差時為了節省開支，常與同事共用一間客房。此外，其他的管理者們也克勤克儉，自倒垃圾，自付咖啡費用，就連開會用剩的鉛筆也帶回辦公室繼續使用。當然，公司員工更有嚴格的自律精神。

每個人都應該量入為出，按照自己的收入過日子。作為企業員工，以企業為家，珍惜企業的資產，減少開支，愛護好它的一切設施，其實只不過是舉手之勞而已。但千萬不要小看了它，因為它直接關係著你的前程。

職場新貴致勝心法

如果一個人對自己的消費和開支缺乏遠見，並且抱著「占便宜」、「不花白不花」的想法，只顧自己享樂，絲毫不為公司的利益著想，養成一種揮霍浪費的壞習慣，對公司帶來損失。這樣的員工，根本不在老闆考慮的晉升人員範圍之內。

缺少日常節儉的習慣

日常工作中，有很多員工沒有日常節儉的習慣。從紙張到原料，從水電到餐飲等，對公司財物的損壞、浪費視若無睹。這些員工以為在為老闆工作，而自己的行為只要老闆不察覺就萬事大吉。實際上，即使在無人知曉的情況下，不注重日常生活的節儉，就是缺乏環保素養，不是地球上的好公民。

智偉在一家大公司任職，該公司為所有員工提供免費午餐，而且午餐不限量，吃飽為原則。智偉剛上班的時候，看到同事們每天午餐都吃得乾乾淨淨，就懷疑他們是不是不好意思再去盛飯而沒有吃飽。他可不管這一套，從小嘴饞，所以餐廳提供紅燒肉時，他都拿取兩人的分量，但幾乎每次都吃不完倒垃圾桶。可是，這並沒有幫助他抵擋住紅燒肉的吸引，下一次，還是照舊。在他看來，反正免費提供，不吃白不吃，吃不完倒掉也不可惜。

沒多久，他就發現主管對他總是左眼不抬右眼不睜的，重要的業務從來沒有他的份，晉升更別提了。一打聽才知道，有一次他往垃圾桶中倒紅燒肉時，正好被主管看見了。

對於員工而言，說自己是受雇者，為了老闆而工作，這是客觀事實。但從另一個角度來講，員工和老闆、公司的利益從根本上是一致的，只有企業存在，才有工作的機會，才有鍛鍊自己、施展才能、實現自身價值的平台。當然，這也為你將來自己創業積累經驗和資源。從這個意義上來說，員工與公司唇齒相依、休戚相關——企業是每個員工的企業！對企業沒有誠信，就是自欺欺人。

馳名世界的摩托羅拉公司能締造輝煌，憑藉的是什麼呢？用管理界人士的話來說，就是因為摩托羅拉擁有一群能為公司節流的「主人」。

摩托羅拉公司的員工發起了一項勤儉節約、反對浪費的活動，主動提出「一分鐘就是八萬分鐘」的口號，意思是說，一個人浪費了一分鐘，摩托羅拉公司的八萬名員工就浪費了八萬分鐘。按一人一天工作八小時計算，八萬分鐘就等於一個人工作一百六十六天。在這個口號的鼓動下，摩托羅拉公司從上到下普遍樹立起「公司越是龐大就越要節約」的企業理念，視節儉為企業文化的重要支柱。

在摩托羅拉公司，這些「主人」的節儉行為表現在日常工作的一舉一動之中：用不著的電燈一定要關掉。辦公室的日光燈開關一般都是集中控制的，但在摩托羅拉公司的任何一間辦公室裡，每一盞燈都有一個開關。就連午休時候，員工們都會自發地把燈關掉。

正是摩托羅拉公司全體員工的這種主人翁般的節約精神，為企業省下了大量生產費用，使摩托羅拉造出了「質優價廉」的產品，這也正是摩托羅拉馳譽全球的真正原因。「所有的東西，節省就是便宜，浪費就是昂貴。」「小漏洞也能使大船沉沒。」富蘭克林的經典名言為此做了最好的詮釋。

缺少日常節儉習慣的員工，請拉一下燈、關一下水龍頭吧，學著從小事上開始節儉，時間長了，你的好形象自然會深深地刻印在老闆的心中。

職場新貴致勝心法

在我們的職涯中，一次升遷機會的喪失可能毀於你出差的費用超過標準，一次調職可能是因為浪費公司的財物，這些小事看來無足輕重，卻決定了你的命運。

讓時間白白流走

有很多員工將時間花費在無聊的、毫無意義的閒談或小遊戲之中，卻不願在工作上投入半分認真，這樣的員工，老闆絕對不會給他機會。

美國著名的管理大師杜拉克說過：「不能管理時間，便什麼也不能管理。時間是世界上最短缺的資源，除非嚴加管理，否則會一事無成。」時間就是金錢，效率就是生命，這已經成為常識，但是人們往往重視其他資源，卻忽略了時間資源的寶貴，忽略了善於利用時間就可獲得增值的時間回報。特別是辦公室人員，由於工作的重複性高，環境有限，又缺乏鍛鍊，各種腰痠背痛、頭昏腦脹的病症造成許多人的困擾，在辦公室裡有很長一段時間是處於恍惚狀態，容易導致時間白白浪費。

有家公司的文書人員不知道怎麼回事，就像吃了瞌睡藥，整天都是一副睡不醒的樣子，一坐到舒適的辦公桌後就上下眼皮直打架，在辦公室看見他時每每都是無精打采，心神不定，即使開會的時候也形同夢遊。其實他並不是因為工作勞累，而是閒得發慌，心靈空虛，找不到事情做，不是上網聊天，就是和朋友煲電話粥，要麼就是東遊西蕩，走到哪裡哪裡就死氣沉沉。他自已歎息說不做事比做事還累，這句話被傳到老闆耳朵裡，覺得「過意不去」，決定成全他，要他去跑業務，很低的底薪加抽成，該君哭都來不及。

時間無價，因為虛擲一寸光陰即是喪失了一寸執行工作使命的寶貴時光。因此，那些任由時間白白流走，或是花費在無為的玄思漫想中的行為是毫無價值的，而如果是以犧牲人的日常工作為代價的，那麼必將遭到嚴厲的譴責。

克拉克是美國一位汽車經銷商。他經銷汽車十多年來，賣出的卡車和轎車名列美國各經銷商的前矛，這為他帶來了巨大的財富和幸福生活。他在介紹成功的奧秘時透露：「我做的事是大多數推銷商不屑做的。我每月都要花大量時間送出一至三萬張以上的賀卡。顧客還沒走出我的店門，我的兒子已經搶時間寫好一份表示感謝的短訊了。」這樣，顧客一旦從他那裡買過一次車，就再也不會忘記他，總是有很多人把他介紹給自己的朋友。之後，顧客還會像當初買車時那樣，每月都能收到克拉克的信，於是，他同顧客之間形成了一種親密的關係。顧客要求售後服務，他總是在第一時間全力做得盡善盡美。

學習如何提高效率是每個職場人士的必修課，數量充當不了品質，要將寶貴的時間利用在有價值的工作中，才能創造效益。首先，不要瀏覽和工作無關的網站，不要在網上聊天，即使工作需要和外界聯繫，也不要寫長篇大論的電子郵件，不要和同事沉溺於無聊的閒談中，溝通事情時用詞簡潔……

要將時間利用在工作中，還要不斷探索工作中的樂趣，將枯燥的工作變得津津有味。不妨展開自我的工作評鑑和競賽，加快工作節奏，這樣就可以加大工作量，提高效率，以成長的喜悅來滿足自己，這樣反而會覺得時間不夠用。千萬不要整天哈欠連天，萎靡不振，渾渾噩噩地浪費時間，更不能在辦公室打瞌睡，既睡不安穩，又給老闆留下了懶散的印象。

職場新貴致勝心法

在職涯中，要明確意識到浪費每一分一秒的時間，就是浪費和揮霍金錢和資本，而且是數量大得驚人的金錢和資本。不會合理安排和利用時間，只會得到上司的冷落，永遠不會得到提拔。所以，不要讓時間白白流走，多一分耕耘，就多一分收穫。

第8種員工

缺乏團隊精神

NO!

做誰的和尚就撞誰的鐘

自甘墮落，拒絕創新

違背職場遊戲規則

品德低劣，搬弄是非

眼裡沒有上司

永遠都在找藉口

不珍惜時間與財物

缺乏團隊精神

不會和他人有效溝通

有些員工能力看起來很好，但績效卻與普通員工差不多，因而很難得到晉升。究其原因，就是因為這些員工不會和他人有效溝通。

「5+5=10」、「5×5=25」這是一目了然的算式，但在人際交往中，卻有非比尋常的意義。兩個人的能力都是五，如果不深入交流，合作起來的成果最多也就是十；但是如果充分溝通，重新組合，就能發揮出加乘的果效，最多能達到二十五。兩個簡單的算式引出了一個不簡單的話題——溝通。

溝通本身就是人類必不可少的精神需要，透過彼此之間的溝通，可以增加人與人之間的親密感，而工作中的有效溝通，更是培養團隊精神的必備條件。對溝通中的障礙不及時排除，終會影響工作效益，影響自己的晉升和前途。

俊逸是一家文化公司的企劃，頗有創意，但他的不足之處就是自視清高，常常對老闆的一些方案頗多微詞，有種不屑的感覺。但礙於情面或者習慣，從來不當面向老闆提出自己具建設性的意見，總是在老闆背後嘀嘀咕咕。

這種情況老闆很快就知道得一清二楚，還特地找他談了一次話，客氣而委婉地請他不妨直言。這時，他仍是支支吾吾、躲躲閃閃，說老闆的創意盡善盡美。老闆終於不客氣地說：「我請你來不是做好好先生的。」可俊逸此後並沒有改過，所以，縱有才華，也一直未曾得到老闆的提拔。

溝通是我們運用語言等方法，從意識領域到行為模式上與自己作有效交流，以及與周圍世界交流的能力。它能幫助我們建立廣泛的人際關係網路，也會使我們成為孤家寡人；它能決定我們獲得的「力」是推動力還是阻力等等。

現實中，有很多人並不是不願意溝通，而是因為溝通中出現障礙而使得溝通出現「短路」甚至中斷。一般來說，溝通障礙主要有以下幾點：

1.語言運用不當

主要是指語言表達不清，與場合不協調，使用不當，造成理解上的障礙或產生歧義。這主要受到不同的年齡、教育狀況、文化氛圍等的影響。同樣的話，不同的人會有多種不同的解釋和理解。另外一種情況是，運用自己的行業專業術語與外行人溝通，也會產生誤解、曲解，造成溝通的障礙。

2.心理上的隔閡

由於個體間的差異，生活環境的興趣愛好差異，特別是職場中利益的差異，從而導致人與人之間不同的心理差異，使得各持己見，互不相讓。

3.溝通管道不暢通

由於企業內部組織機構的複雜龐大，會造成員工反映問題找不到受理的地方，提出建議不能及時傳遞上去而延誤工作。

4.溝通資訊不準確

在資訊的傳遞過程中，由於個人的喜好和失誤、遺漏等原因，會出現故意操縱資訊、修改資訊，甚至篡改資訊，使資訊失真，產生道聽塗說的情況，這稱之為資訊的過濾。

5.抓不住關鍵，分不清主次

員工有時在短時間接受到大量的資訊，但忽略了資訊有重有輕，也許有時會耽擱重要資訊的處理，漏掉一些重要的資訊，或者對資訊的處理過於草率，這樣都會影響溝通。

6.交流時間緊迫

有時由於時間的緊迫，資訊有可能傳達不清或不完整，使溝通的效果也受到影響。

7.溝通技巧欠佳

肢體語言運用的失誤，也是導致不能有效溝通的障礙。

身為員工，溝通作業中的一個重要方面就是向上司彙報、請示，提出要求或條件，甚至進行批評性建議等等，這是員工的職責所在，也是員工能在職場中生存的必要條件，然而許多員工或者埋頭做事，或者擔心自己不佳的工作成績不被老闆看好，所以忽視與上司的溝通，這樣往往導致工作偏離方向，最終沒有效益可言，又怎能得到老闆的賞識呢？還有一些員工，在諫言獻策或是建議、傾訴、表白時，不懂得掌握方式與技巧，結果也導致了溝通困難，甚至引起老闆的不滿。

職場新貴致勝心法

溝通能力是一個員工實力的重要表現，也是一種重要的敬業精神，是員工團隊精神的必要條件。一個不善溝通的員工，只能在職場上處處碰壁，影響整個團隊的實力，也破壞了團隊的合作。

「套子」裡的人

俄國著名批判現實主義作家契訶夫的《套中人》中的主角，把自己的思想和情感連同身體一起緊緊裹藏起來，在自我封閉和謹小慎微中逐漸變得狹隘、冷漠、平庸，最終成了一個悲劇人物。現實生活中將自己裝入「套子」裡的員工也大有人在，他們就是那些不重視，甚至不敢溝通的人。

讓我們先來看看歷史上著名的「滑鐵盧戰役」吧！滑鐵盧一戰，將打遍了大半個歐洲的拿破崙從常勝的神壇上徹底擊倒。這次戰役的慘敗，雖然是各方面原因造成的，但拿破崙對此的解釋卻值得深思：「這場戰役之所以失利，最主要的是我很久沒有和士兵一起喝湯了。」這就是他認為的失敗原因！

其實，拿破崙所謂的「一起喝湯」，就是與士兵之間的良好溝通，因缺乏溝通而導致法軍的徹底失敗！這難道還不足以證明溝通的重要嗎？

「套中人」可能不缺乏能力和智慧，但是他們甘願孤立自己，冷眼看世界。不管是別人有了問題，還是自己有了煩惱，都不願與人直接溝通，尤其是遇到分歧意見或遭遇困難，需要達成共識和齊心協力的時候，他們的冷漠常顯得他們沒有誠意，使朋友和同事失望而徹底遠離他們。那麼，即使他們再有才能又能有多大的發揮呢？一個人的力量畢竟是有限的。

如果有誰認為這種缺乏激情、城府很深的「套中人」，對企業來講，只是一個無關大局的悶葫蘆的話，那麼，就可能會為此而付出沉重的代價—這種「套中人」在很大程度上是一顆不定時炸彈，說不定哪天就會「能量過剩」，爆破「套子」，給企業帶來空前的災難。

可口可樂旗下的一家企業進行人事調動，主管詹姆斯對年輕員工沃爾克說：「把手邊的工作放一下，去業務部工作吧，那裡最近需要人手。有什麼意見嗎？」沃爾克嘴巴動了動，道：「意見？您是主管，我能有什麼意見，去就是了。」其實，他對此相當惱火，當時銷售形勢很不盡如人意。他私下暗想：這一次人事變動把我調到那個最不好的部門去，必定是主管詹姆斯暗中作梗，見我工作出色就伺機報復，怕搶了他的位置。好，你就等著瞧吧，我會讓你難堪的！

抱著這樣的態度能有出色的表現嗎？到了業務部，他總是一臉陰沉的樣子，對所有的新同事也都愛搭不理，別人主動和他打招呼，他也只是面無表情地點一下頭，一點誠意都沒有。時間長了，同事們漸漸疏遠了他。

有一天，一個重要客戶打來電話，請他轉告詹姆斯，要詹姆斯第二天到客戶那裡參加一個會議。由於關係到一大筆業務，所以對方再三叮囑要詹姆斯務必前往。沃爾克認為這是個絕佳的報復機會，他裝成沒事人一樣，放下電話就等著好戲開始。

第二天詹姆斯將他叫進自己的辦公室，很嚴肅地說：「沃爾克，客戶那麼重要的通知你為什麼不告訴我呢？你知道嗎？要不是客戶早晨打電話催，我們險些耽誤了一千萬美元的大生意啊！」

沃爾克則為沒有陷害到詹姆斯而感到沮喪。

詹姆斯接著道：「本來我認為你工作表現良好，只是待人處世方面仍欠歷練，想趁此機會對你加以磨煉，然後重用你。可現在，你有了誤解不但不和我多溝通，反而暗中作梗，部門的前途差一點毀在你手裡。那麼對不起，我只能以公司的名義遺憾地宣佈，請你另謀高就。」

鑒於此案的教訓，可口可樂公司的高層專門召開了一次名為「張開你的嘴巴，拒做不願溝通的『套中人』」的會議，強調並鼓勵所有可口可樂的員工之間進行積極溝通，因為它既有益於團隊之間的團結與合作，又能透過溝通增加彼此之間的信任，最主要的是避免沃爾克那樣的悲劇重演。

企業是一個團結合作的集體，它需要每個員工都能有配合的默契，而團結互助、相得益彰的局面，是靠每個員工的有效溝通和善意交流來實現的。無論是對企業的發展，還是對自身的健康，適當的溝通是必須的。

「套中人」的一個最大特點就是缺乏熱情，態度消極。這一方面可能是個性使然，另一方面，也是最主要的原因，是他們沒有調整心態，不想融入到團隊之中。不「融合」只有被孤立，最終被淘汰和拋棄，這是所有「套中人」的悲哀和下場。

心理陰暗、冷漠和自我封閉的「套中人」，常對溝通抱不負責任的態度，忽視溝通的重要性，拒絕與他人進行開誠布公的互動。尤其是存在隔閡和誤解時，不是敞開心扉、暢所欲言，而是縮在自己的「套子」中，任煩惱在裡面發酵，任仇恨在心裡滋長，任由情勢惡劣下去。結果害人害己，而且使公司平白蒙受損失。

在攜手並肩的職場上，那些與他人無來往的「套中人」終將發現，勇敢地把腦袋探出來見見光，敞開心扉呼吸呼吸新鮮空氣，真誠地和自己的同事分享一下彼此的內心感受和工作心得，也許並不會因此而受到傷害，反而會對自身的成長非常有幫助。付出熱情，終將收穫誠信的感動。

職場新貴致勝心法

「套中人」如果擺脫不了「套子」，很難討得老闆的歡心，因為企業需要的是團隊精神，需要的是互助合作。不能有效溝通，又怎能精誠合作？而那些生活在「套子」之中的人，終將在封閉和冷漠中一事無成。

只做分內的工作

企業裡的許多事情常因某些員工消極的態度和「那不關我的事」，對工作以外的事置若罔聞，使得小事變大事，直至形勢惡化，任其一味地發展下去，從而喪失了阻止、改變和解決問題的大好時機，最終導致企業陷入危機。而員工的命運和企業的興衰緊密相關，所謂：「一榮俱榮，一損俱損。」這又怎能「不關我的事」呢？

巴西「環大西洋」號失火沉船一事，就是一個慘痛的教訓。

當「環大西洋」號及二十一名船員葬身海底後，救援人員透過分析船上二十一名船員的日誌與手記，終於找到了該船失火及沉船的真相。

原來失事當天，船員麥克為了給妻子寫信，私自買了一盞底座很輕的台燈。另一名船員納西發覺了，認為與自己無關，便沒有過多地干涉。

同時，船員希爾發現救生筏施放器有問題，但他只是將它綁在架子上，也沒有告訴其他人；同樣，船員庫克在檢查消防設施時，發現消防栓生銹卻置之不理；而麥克和另一船員在安全巡視時，跳過了自己的房間；船長也沒看安全檢查報告；機電長發現電線短路，卻不查明原因；電工在值班時溜進餐廳；沃爾克在感到空氣不好時，沒有全面檢查和及時通報等等。

總之，當天所有的二十一名船員其實都發現了一點問題，只是全都認為與己無關，或無關緊要、無妨大礙而置之不理，致使當晚七點發現火情時，麥克的房間已被燒穿，整個火勢已無法控制。

這就是「與己無關」者的悲劇，缺乏團隊意識，不能從大局著眼，對自己分外的工作視而不見，甚至對分內的工作也能拖就拖，少說為佳不去得罪人，整個團隊無人負責，任由形勢惡化，最終毀了大家，也毀了自己。早知如此，何必當初，悔恨彌補不了損失。這是老闆不欣賞「只做分內工作」的員工的主要原因。

團隊精神的一個重要表現，就是視公司的事為自己的事，分內的工作認真負責，對於分外的事，如果有必要，也會積極關注和參與。只要是有助於團隊經營的工作，都義不容辭地承擔。

職場上的許多不利情勢，其實完全可以透過員工間的合作和努力，使細節上發生改變，從而扭轉整個局面。

職場新貴致勝心法

永遠不要忘了你是企業的一員，企業興衰與你有直接的關係，也絕對「關你的事」！忽視細節，躲避責任，面臨的只能是更大的危險，最終陷入困境的也包括你自己！

從根本上說，對分外工作的關注是一種敬業精神。展現著一個員工的主人意識。何況，多關注分外的工作，也能多方面地鍛鍊自己的才能，實現自己的人生價值，這又何樂而不為呢？

剛愎自用，目空四海

職場中總有一些不喜歡與同事友善合作、剛愎自用、置團隊整體利益和規劃於不顧的員工。他們自以為是，目空四海，藐視職場規則，不拿同事的忠告當回事，甚至連上司的意見也置若罔聞。在以團隊合作為主的企業裡，他們幾乎找不到一個「配得上」合作的同事或朋友。

其實，這種人最大的問題在於缺少自知之明。他們大多認為憑藉自己擁有的實力，完全可以獨當一面，根本不需要別人來指揮。但實際上，他們不僅忽略了團隊的力量，更高估了自己的實力。要知道，將自己置於團隊之外，只能在孤獨和無助中走向失敗。

一般情況下，剛愎自用、目空四海的人都有一些本事，在一定範圍內也容易獲得成功，這也正是他們引以自傲的資本。但如果想達到更高遠的目標，實現更宏偉的理想，一個人的智慧和力量又能有多大呢？特別是在一個團隊之中，必須從根本上摒棄自己的舊思想，端正心態，與別人友善合作，就好比荒野之狼可以獨自去吞掉一隻兔子，但要滅掉一隻老虎就只能靠眾狼的力量來「群起而攻之」了。企業的目標是規模擴大、體質增強，它們的目標是老虎而不是一隻兔子！所以，在一個團隊中，剛愎自用、目空四海者是難以獲得出頭的。

或許有人會質疑：「一家優良的大企業，它的員工應該也特別優秀，像那些個人能力突出的人，應該是最受企業歡迎和器重的呀！」

然而，事實絕非如此，事實就在眼前：

美國航太工業鉅子休斯公司的副總裁艾登．科林斯曾這樣評價過一個人：「我們就像小雜貨店的店主，一年到頭拚命做，才攢那麼一點財富，而他幾乎是一夜之間就趕上了。」

這個人就是史帝夫．賈伯斯──世界聞名的蘋果電腦公司的創辦人。他二十二歲開始創業，從赤手空拳打天下，到擁有兩億多美元的個人財富，僅僅用了四年時間。對於任何一名創業者來說，這樣巨大的資本都足以使他開拓更廣闊的市場，但這個二十多歲的大男孩卻遭遇了挫折。過早的成功、眾多媒體的吹捧和過分的喜悅，使賈伯斯迅速地驕傲起來，變得剛愎自用、目空四海。

由於缺乏理性的管理頭腦、暴躁的脾氣和過分的苛刻，他再也無法像創業階段那樣與人合作。手下的員工就像躲避瘟疫一樣躲避他，很多員工不敢和他同乘一部電梯，因為害怕在電梯裡被羞辱。他的決定就是命令，他認為自己的公司自己說了算。

就連他親自挖角的高階主管──原百事可樂公司國內飲料部總經理斯卡利都公然宣稱：「蘋果電腦公司有賈伯斯在，我就無法執行任務。」

然而，賈伯斯的上頭還有董事會，最終，董事會作出決議：解除賈伯斯的行政職務，包括他在麥金塔部門的職務，今後只任董事長的「閒職」。

這對驕傲的賈伯斯來說，這比「開除」他還難以接受，他因此負氣出走，離開自己一手創建的蘋果電腦公司，以至從人們的視線中逐漸隱退。當然，一九九七年改變後的他再度出山與宿敵微軟合作並且再創輝煌，那是後話。

對蘋果電腦公司來說，賈伯斯的工作能力絕對毋庸置疑，否則，也不可能使「蘋果電腦」那麼迅速地異軍突起，更無法在短短的四年時間，就從白手起家累積到兩億多美元的身價。但是，企業要的是團隊精神，而不是剛愎自用、目空四海。即便是賈伯斯這樣出類拔萃的「老闆級員工」，如果沒有團隊合作精神，也照樣令他「被放逐」。

微軟中國研發部的總經理張湘輝博士對此也完全認可：「在錄用員工時，我們有一套很嚴格的標準，其中最重要的就是必須要有極強的團隊合作精神！即便這個人是天才，但如果他的團隊精神比較差，這樣的人我們也絕對不要！」

他自有一番獨到的解釋：「就以編寫程式為例。微軟在開發Windows XP時，有五百名工程師齊心協力地奮鬥達兩年之久，才有了五千萬行編碼的成績。大家想想看，這麼浩大的研發工程，需要不同類型、不同性格的人員共同奮鬥，如果缺乏合作精神，這簡直是難以想像的事情！要想成功是根本不可能的！」

企業是一個不可分割的整體，每一個員工都是它不可或缺的重要組成部分。企業能否朝著預定的目標發展，實在有賴於全體員工的精誠團結與合作。因為只有所有員工的力量和目標都保持一致了，企業才可全力突破障礙，邁向成功。否則，力量和目標的分散及偏離，也分化了企業和團隊的實力。因此，那些以自我為中心、不接受他人意見、剛愎自用的員工，終將自食惡果。

職場新貴致勝心法

只有以熱忱和真誠投入團隊合作，虛心傾聽別人的意見，才能在工作中改正缺點、克服困難，取得成績，獲得晉升。一個有團隊精神的員工，絕不會剛愎自用、目空四海。

喜歡單槍匹馬

許多員工有一技之長，又肯埋頭苦幹，工作的品質和效率均出類拔萃。但是他們的這些工作成效都是在單打獨鬥的前提下實現的，一旦與他人合作，就顯得閉塞、冷漠。這種員工寧肯一頭沉浸於專業之中，也不願與同事有親密互動。他們的績效顯然遙遙領先，但是空有一技之長卻不能把他們帶到事業的頂峰，頂多贏得一個技術權威的頭銜，至於行政職務上的攀升，恐怕與這些員工無緣。

哈特瑞爾．威爾林是一位演說家，他曾經說，當他還是東德克薩斯州的一個小孩時，有一次跟兩位朋友在一段廢棄的鐵軌上走。其中一位朋友身材普通，另一位則是個胖子。孩子們互相競賽，看誰在鐵軌上走得最遠。哈特瑞爾跟較瘦的朋友只走了幾步就跌了下來，較胖的男孩卻走得很遠。

最後，在好奇心的驅使下，他想知道其中的秘訣。那位肥胖的朋友指出，哈特瑞爾跟他的朋友走鐵軌時只顧看著自己的腳，所以跌下來了。然後他解釋他因為太胖以至看不到他的腳，只能選擇鐵軌上遠處的目標，並朝目標走。接近目標時，他又選了另一個目標，然後又走向新目標。胖男孩帶著哲學味指出，如果你向下看自己的腳，所看到的只是鐵銹和發出異味的植物而已。

如果哈特瑞爾跟他的朋友分別在兩條鐵軌上手牽著手一起行走，他們便可以不停地走下去而不會跌倒。這就是合作的可貴。如果你幫助其他人獲得他們需要的東西，就能因而得到想要的東西，而且幫助得越多，得到的也越多。

大雁在本能上很知道合作的價值。毫無疑問，你經常會注意到牠們以「人」字形飛行。科學家曾在實驗中發現，成群的雁以「人」字形飛行，比一隻雁單獨飛行能多飛二十%的距離。人類也是一樣，只要能跟同伴合作而不是彼此爭鬥的話，往往能飛得更高、更遠，而且更快。

一項權威調查表明，十八%的人資經理認為，影響團隊經營是員工自毀前程的最主要原因。而實際上，只要是破壞團隊穩定，必定會前程堪憂。

一個人的能力本來就有限，而在當今這個科學交叉、知識融合、技術集成的大背景下，個人的作用更是日漸減小，一個人不可能同時擁有成就事業所必備的所有能力，成就事業的關鍵在於群體的合力。現代企業面對越來越多的課題，每一項課題都僅靠個人去奮鬥是不大可能達成的，更多的時候需要一個融為一體的小組來共同完成，那些沒有團隊合作精神的員工將被拒之門外。

有一家大型企業需要徵求一名部門副經理，人力資源部以「職位說明書」為依據，經過綜合面試和考慮，最終錄用了維耀。

維耀工作經驗豐富、專業知識和技能全面扎實、個性直率、好強，執行及推動能力較好、工作有熱情，且有近五年的同類職位工作經歷，完全符合「職位說明書」中擬定的要求，屬於達到標準的人。再加上對維耀原單位進行的調查結果，均顯示出對其良好的評價，最後經公司高層批准，正式錄取維耀到職試用。

維耀上任後，確實表現出高度的工作熱情，經過近一個星期的了解和熟悉，很快就針對部門裡的一些問題，向部門經理明聰提出了若干意見和建議。然而，由於兩人在工作觀念，以及對某些問題上的看法存在差異，維耀的建議未能得到認可，兩人也沒有針對這些問題進行有效溝通，反而是暗自較上了勁。

在維耀進入公司後的半個月中，類似情形陸續發生了幾次，維耀認為自己的意見不受重視，工作熱情急劇下降，與明聰的分歧也越來越嚴重，經常因工作中意見不一致發生爭執，甚至公開爭吵，導致同事得到的工作指令和要求無法一致，工作因而延宕，連部門運作都受到負面影響。雖經人力資源部和相關主管多方協調，終因矛盾激烈無法調和，而遺憾地終止了對維耀的試用。

這很顯然是團隊合作中出現障礙，而又不能進行有效溝通，進而達成共識，致使維耀提前出局。而此次徵才失誤，實質上是由於只從「職位說明書」單方面考察應徵者，只注重能力而對團隊精神考慮不夠充分所致。

職場新貴致勝心法

一個公司做得成功，必然會有一支團結的團隊，一支配合默契佳的團隊。團結就是力量，作為一個團隊，不團結就沒有競爭的實力。相互指責，相互埋怨，並因此和別人結下恩怨，或影響團結的員工，不僅自己成就不了一番事業，還嚴重影響了其他員工的工作，對整個團隊組織造成損失。

不關心集體利益

個人利益與集體利益是密不可分的，公司的發展其實就是個人發展的必要前提和基礎，所以公司的命運與個人的發展是息息相關的。任何一個不關心集體利益的員工，都將被排除在晉升的行列之外。

一個員工是否關心集體利益，在平時工作的細節中就可以表現出來。比如，與客戶通電話時，不關心集體利益的員工往往語氣生硬、態度蠻橫。也許一個不經意的冷淡和魯莽，就會失去一個潛在的客戶。再比如衣著、髮型、步態、耐心等，那些不關心集體利益的員工一般不會注重這些細節，從而給公司形象造成一定損害。

阿芳和阿娟同為一家連鎖速食店的服務生，兩個人平時工作都非常努力，多次同時被評為最佳服務生。有一次，她們所在的那家連鎖店裡突然發生了一起意外事故，一位消費者在吃了阿娟剛剛售出的一份午餐後，突然倒地，四肢抽搐、口吐唾沫，家人懷疑他食物中毒。阿娟被這突如其來的一切嚇壞了，只是在一邊推卸責任，說不是自己的錯，可能是客人食物過敏。眾人驚慌失措，紛紛懷疑自己也中了毒，甚至有人打電話通知報社和電視台。

在這關鍵時刻，阿芳鎮定自若，一方面指揮其他店員打急救電話，一方面竭力安撫其他擔心中毒的顧客，保證不是食物中毒，店裡的食品都是經過嚴格檢驗的，但很多人還是不相信，甚至用手指摳挖喉嚨，想吐出食物。還有人揚言：「要是食物中毒的話，妳能負得起這個責任嗎？」一呆在一旁的阿娟也勸她不要這麼急著下結論。可是，阿芳還是挺身而出。她告訴大家，食物絕對沒有毒，並當眾吃下很多店內的餐點。

不久，救護車來了，經驗豐富的救護人員一看就告訴大家，那位顧客應該是典型的「癲癇」發作。電視台和報社到來後，阿芳又將事件的來龍去脈解釋清楚，並詳細介紹了公司的衛生措施，趁機打了一波免費廣告。她對危機處理的努力，避免了一場虛驚朝向災難的演變，受到公司的高度讚揚，不久就升任店長。而關鍵時刻推卸責任的阿娟，則在同事們怪怪的目光下繼續做她的普通服務生。

其實，越來越多的職場中人都能明白，集體利益與個人利益在根本上是一致的，關心集體利益最終就是增進個人利益。當然，個人利益有時候可能會在形式上與集體利益產生衝突，這正是檢驗一個員工是否稱職、是否敬業的時刻。

職場新貴致勝心法

那些只注重個人利益，無視集體利益的員工，最終失去的還是個人利益，這樣的員工絕對無法獲得晉升，因為他只看到表象，看不到本質，而且往往出於個人利益而損害集體利益。

缺乏團隊精神

在任何一個團隊中，都可能存在一些缺乏團隊精神的員工。一顆爛蘋果會使整箱蘋果腐爛，一個沒有團隊精神的員工，也可能使整個團隊毀於一旦。

那些接手工作後喜歡單獨蠻幹，從不和其他同事溝通，並且好大喜功，專做一些不在自己的能力範圍內的事情，急於表現自己的員工，往往會成為裁員名單中的「先行者」。

另外，團隊與群體是不一樣的，群體是因為事件而聚集在一起；團隊則不僅有著共同的目標，並滲透著一種團隊精神。因此，沒有團隊精神的人，到哪個企業都難有發展，甚至是無法立足。

我們都知道項羽和劉邦爭霸天下的故事，其實項羽的失敗就是因為太個人崇拜化了，以至於忘記了什麼叫「團隊精神」，最終吞下了自己種下的果實。

項羽在推翻秦王朝的戰爭中厥功甚偉，屬於實力派人物，其勢力遠遠超出劉邦，而且他「力拔山，氣蓋世」。若論戰技武藝，別說以一當十，就是以一當百也攔不住他，因此助燃了他的個人崇拜氣焰。

在與劉邦爭奪天下的過程中，一開始，只要他親臨戰鬥，每戰必勝，劉邦則臨戰必敗。項羽總覺得自己的力量遠超於整個團隊，但結果卻是劉邦勢力越來越大，而他的勢力卻越來越小，最終落得被圍垓下、自刎烏江的結局。他至死也沒弄明白，到底失敗在什麼地方，還說：「此天亡我也，非戰之罪也。」

反觀劉邦，不僅本領不如張良、蕭何、韓信這「興漢三傑」，而且還「好酒及色」，早在當亭長時，「廷中吏無所不狎侮」，簡直就是地痞流氓。但在與項羽的競爭中，最終打敗項羽，奪得天下，勝利還鄉。為什麼？劉邦在建國後的一次慶功宴上，曾向群臣解釋說：「夫運籌帷幄之中，決勝千里之外，吾不如子房（張良）；鎮國家，撫百姓，給餉饋，不絕糧道，吾不如蕭何；連百萬之眾，戰必勝，攻必取，吾不如韓信。三者皆人傑，吾能用之，此吾所以取天下者也。項羽有一范增而不能用，此所以為吾擒也。」

劉邦把勝利的原因歸因於他能識人用人，而項羽則不能識人用人。劉邦的說法傳承日久，並經過歷史的強化而成為他戰勝項羽的最佳解釋。以當今企業經營的角度來看，劉邦的勝利，是因為他有團隊精神；而項羽則僅靠匹夫之勇，缺乏團隊精神，所以失敗是情理之中的事。

在專業分工越來越細，競爭日趨激烈的今天，靠一個人的能力是無法應對千頭萬緒的工作的。在一個現代企業裡，幾乎沒有一項工作可靠個人獨立完成，大多數人都是在高度分工中擔任一部分工作。這就像生產一輛汽車，其各個零件經由無數道程序組合生產完成，而絕不會是一個人生產一輛汽車。

一個企業，只有靠著部門中全體職員的互相合作、互補不足，工作才能順利進行，才能成就一番事業。如果你的整個部門，或是整個公司的工作都失敗了，那麼個人利益又何以實現呢？同時，作為老闆和上司，絕不能忽視那些沒有團隊精神的員工對公司造成的影響，不能坐以待斃，等著損失出現後再去辭退直接負責的員工。對那些潛在的危險，要及時排除。

有一家汽車製造公司，採購部門負責採購某一原料的採購員因病住院，無法親自採購生產急需的原料，而採購部其他採購人員以業務不熟悉為由不願出面幫忙，只顧著完成自己的任務，把自己負責的採購案出色完成了，原料堆在倉庫裡一年都用不完。生產任務迫在眉睫，但生病住院的採購員負責採購的原料沒能及時供應上來，使得公司因缺原料而停產了一個星期，造成了巨大的經濟損失。

一個沒有合作意識的員工，即使個人的工作能力再強，也不能輕易委以重任。就像上例中的那些採購人員一樣，因其不懂合作，即使做得再出色，採購的原料再多再好也沒用。這種不善於合作的結果，會影響整個部門，乃至整個公司的效益，而對這樣的員工委以重任，只會使整個團隊陷入困境。

團隊協作是當今盛行於全世界的一種工作方式。作為團隊的領導者，當然希望自己的成員不僅工作能力出眾，而且富於合作精神。但是實際上，總會遇上一些使人頭疼的團隊成員。他們要麼感覺施展不開手腳，未能人盡其才；要麼濫竽充數，在團隊中出紕漏；要麼各做各的，對搭檔的問題視而不見；要麼急功近利，忽視他人的辛勞；更有甚者，自組小圈圈與組織分庭抗禮。總之，總有一些員工，不能領悟團隊的重要性，也不具備協作精神，也不具有團隊精神，從而阻礙著整個組織向建立現代化的組織模式邁進。

職場新貴致勝心法

團隊精神是一個員工想要立足於職場所必須具備的。任何一個聰明的老闆都能從員工的一舉一動中，看出他是否具有合作意識，會不會由於他的加入而影響整個團隊。對於那些始終堅持「獨立」，視團隊精神為多此一舉的員工，相信老闆和上司們出於對自己和整個團隊的考慮，絕對不會提拔他們。

大都會文化圖書目錄

●度小月系列

路邊攤賺大錢【搶錢篇】	280 元	路邊攤賺大錢 2【奇蹟篇】	280 元
路邊攤賺大錢 3【致富篇】	280 元	路邊攤賺大錢 4【飾品配件篇】	280 元
路邊攤賺大錢 5【清涼美食篇】	280 元	路邊攤賺大錢 6【異國美食篇】	280 元
路邊攤賺大錢 7【元氣早餐篇】	280 元	路邊攤賺大錢 8【養生進補篇】	280 元
路邊攤賺大錢 9【加盟篇】	280 元	路邊攤賺大錢 10【中部搶錢篇】	280 元
路邊攤賺大錢 11【賺翻篇】	280 元	路邊攤賺大錢 12【大排長龍篇】	280 元
路邊攤賺大錢 13【人氣推薦篇】	280 元	路邊攤賺大錢 14【精華篇】	280 元
路邊攤賺大錢（人氣推薦精華篇）	399 元		

● DIY 系列

路邊攤美食 DIY	220 元	嚴選台灣小吃 DIY	220 元
路邊攤超人氣小吃 DIY	220 元	路邊攤紅不讓美食 DIY	220 元
路邊攤流行冰品 DIY	220 元	路邊攤排隊美食 DIY	220 元
把健康吃進肚子— 40 道輕食料理 easy 做	250 元		

●*i* 下廚系列

男人的廚房—義大利篇	280 元	49 元美味健康廚房—養生達人教你花小錢也可以吃出好氣色	250 元

●流行瘋系列

跟著偶像 FUN 韓假	260 元	女人百分百一男人心中的最愛	180 元
哈利波特魔法學院	160 元	韓式愛美大作戰	240 元
下一個偶像就是你	180 元	芙蓉美人泡澡術	220 元
Men 力四射—型男教戰手冊	250 元	男體使用手冊－ 35 歲⁺♂保健之道	250 元
想分手？這樣做就對了！	180 元		

●生活大師系列

遠離過敏一打造健康的居家環境	280 元	這樣泡澡最健康一紓壓．排毒．瘦身三部曲	220 元
兩岸用語快譯通	220 元	台灣珍奇廟一發財開運祈福路	280 元
魅力野溪溫泉大發見	260 元	寵愛你的肌膚一從手工香皂開始	260 元
舞動燭光一手工蠟燭的綺麗世界	280 元	空間也需要好味道一打造天然香氛的 68 個妙招	260 元

雞尾酒的微醺世界— 調出你的私房 Lounge Bar 風情	250 元	野外泡湯趣—魅力野溪溫泉大發見	260 元
肌膚也需要放輕鬆— 徜徉天然風的 43 項舒壓體驗	260 元	辦公室也能做瑜珈— 上班族的紓壓活力操	220 元
別再說妳不懂車— 男人不教的 Know How	249 元	一國兩字—兩岸用語快譯通	200 元
宅典	288 元	超省錢浪漫婚禮	250 元
旅行，從廟口開始	280 元		

●寵物當家系列

Smart 養狗寶典	380 元	Smart 養貓寶典	380 元
貓咪玩具魔法 DIY— 讓牠快樂起舞的 55 種方法	220 元	愛犬造型魔法書—讓你的寶貝漂亮一下	260 元
漂亮寶貝在你家—寵物流行精品 DIY	220 元	我的陽光 · 我的寶貝—寵物真情物語	220 元
我家有隻麝香豬—養豬完全攻略	220 元	SMART 養狗寶典（平裝版）	250 元
生肖星座招財狗	200 元	SMART 養貓寶典（平裝版）	250 元
SMART 養兔寶典	280 元	熱帶魚寶典	350 元
Good Dog—聰明飼主的愛犬訓練手冊	250 元	愛犬特訓班	280 元
City Dog—時尚飼主的愛犬教養書	280 元	愛犬的美味健康煮	250 元
Know Your Dog—愛犬完全教養事典	320 元	Dog's IQ 大考驗——判斷與訓練愛犬智商的 50 種方法	250 元
幼貓小學堂—Kitty 的飼養與訓練	250 元	幼犬小學堂—— Puppy 的飼養與訓練	250 元
愛犬的聰明遊戲書	250 元		

●人物誌系列

現代灰姑娘	199 元	黛安娜傳	360 元
船上的 365 天	360 元	優雅與狂野—威廉王子	260 元
走出城堡的王子	160 元	殞逝的英格蘭玫瑰	260 元
貝克漢與維多利亞—新皇族的真實人生	280 元	幸運的孩子—布希王朝的真實故事	250 元
瑪丹娜—流行天后的真實畫像	280 元	紅塵歲月—三毛的生命戀歌	250 元
風華再現—金庸傳	260 元	俠骨柔情—古龍的今生今世	250 元
她從海上來—張愛玲情愛傳奇	250 元	從間諜到總統—普丁傳奇	250 元
脫下斗篷的哈利—丹尼爾 · 雷德克里夫	220 元	蛻變—章子怡的成長紀實	260 元
強尼戴普— 可以狂放叛逆，也可以柔情感性	280 元	棋聖 吳清源	280 元
華人十大富豪—他們背後的故事	250 元	世界十大富豪—他們背後的故事	250 元
誰是潘柳黛？	280 元		

●心靈特區系列

每一片刻都是重生	220 元	給大腦洗個澡	220 元
成功方與圓一改變一生的處世智慧	220 元	轉個彎路更寬	199 元
課本上學不到的 33 條人生經驗	149 元	絕對管用的 38 條職場致勝法則	149 元
從窮人進化到富人的 29 條處事智慧	149 元	成長三部曲	299 元
心態一成功的人就是和你不一樣	180 元	當成功遇見你一迎向陽光的信心與勇氣	180 元
改變，做對的事	180 元	智慧沙	199 元（原價 300 元）
課堂上學不到的 100 條人生經驗	199 元（原價 300 元）	不可不防的 13 種人	199 元（原價 300 元）
不可不知的職場叢林法則	199 元（原價 300 元）	打開心裡的門窗	200 元
不可不慎的面子問題	199 元（原價 300 元）	交心一別讓誤會成為拓展人脈的絆腳石	199 元
方圓道	199 元	12 天改變一生	199 元（原價 280 元）
氣度決定寬度	220 元	轉念一扭轉逆境的智慧	220 元
氣度決定寬度 2	220 元	逆轉勝一發現在逆境中成長的智慧	199 元（原價 300 元）
智慧沙 2	199 元	好心態，好自在	220 元
生活是一種態度	220 元	要做事，先做人	220 元
忍的智慧	220 元	交際是一種習慣	220 元
溝通一沒有解不開的結	220 元	愛の練習曲一與最親的人快樂相處	220 元
有一種財富叫智慧	199 元	幸福，從改變態度開始	220 元
菩提樹下的禮物一改變千萬人的生活智慧	250 元	有一種境界叫捨得	220 元
有一種財富叫智慧 2	199 元	被遺忘的快樂祕密	220 元
智慧沙【精華典藏版】	250 元	有一種智慧叫以退為進	220 元

● SUCCESS 系列

七大狂銷戰略	220 元	打造一整年的好業績一店面經營的 72 堂課	200 元
超級記憶術一改變一生的學習方式	199 元	管理的鋼盔一商戰存活與突圍的 25 個必勝錦囊	200 元
搞什麼行銷一 152 個商戰關鍵報告	220 元	精明人聰明人明白人一態度決定你的成敗	200 元
人脈＝錢脈一改變一生的人際關係經營術	180 元	週一清晨的領導課	160 元
搶救貧窮大作戰？ 48 條絕對法則	220 元	搜驚 ・ 搜精 ・ 搜金 一從 Google 的致富傳奇中，你學到了什麼？	199 元
絕對中國製造的 58 個管理智慧	200 元	客人在哪裡？一決定你業績倍增的關鍵細節	200 元
殺出紅海一漂亮勝出的 104 個商戰奇謀	220 元	商戰奇謀 36 計一現代企業生存寶典 I	180 元

商戰奇謀 36 計—現代企業生存寶典 II	180 元	商戰奇謀 36 計—現代企業生存寶典 III	180 元
幸福家庭的理財計畫	250 元	巨賈定律—商戰奇謀 36 計	498 元
有錢真好！輕鬆理財的 10 種態度	200 元	創意決定優勢	180 元
我在華爾街的日子	220 元	贏在關係—勇闖職場的人際關係經營術	180 元
買單！一次就搞定的談判技巧	199 元（原價 300 元）	你在說什麼？—39 歲前一定要學會的 66 種溝通技巧	220 元
與失敗有約 —13 張讓你遠離成功的入場券	220 元	職場 AQ —激化你的工作 DNA	220 元
智取—商場上一定要知道的 55 件事	220 元	鏢局—現代企業的江湖式生存	220 元
到中國開店正夯《餐飲休閒篇》	250 元	勝出！—抓住富人的 58 個黃金錦囊	220 元
搶賺人民幣的金雞母	250 元	創造價值—讓自己升值的 13 個秘訣	220 元
李嘉誠談做人做事做生意	220 元	超級記憶術（紀念版）	199 元
執行力—現代企業的江湖式生存	220 元	打造一整年的好業績—店面經營的 72 堂課	220 元
週一清晨的領導課（二版）	199 元	把生意做大	220 元
李嘉誠再談做人做事做生意	220 元	好感力—辦公室 C 咖出頭天的生存術	220 元
業務力—銷售天王 VS. 三天陣亡	220 元	人脈＝錢脈—改變一生的人際關係經營術（平裝紀念版）	199 元
活出競爭力—讓未來再發光的 4 堂課	220 元	選對人，做對事	220 元
先做人，後做事	220 元	借力—用人才創造錢財	220 元
有機會成為 CEO 的員工—這八種除外！	220 元	先做人後做事 第二部	220 元

●都會健康館系列

秋養生—二十四節氣養生經	220 元	春養生—二十四節氣養生經	220 元
夏養生—二十四節氣養生經	220 元	冬養生—二十四節氣養生經	220 元
春夏秋冬養生套書	699 元（原價 880 元）	寒天—0 卡路里的健康瘦身新主張	200 元
地中海纖體美人湯飲	220 元	居家急救百科	399 元（原價 550 元）
病由心生—365 天的健康生活方式	220 元	輕盈食尚—健康腸道的排毒食方	220 元
樂活，慢活，愛生活—健康原味生活 501 種方式	250 元	24 節氣養生食方	250 元
24 節氣養生藥方	250 元	元氣生活—日の舒暢活力	180 元
元氣生活—夜の平靜作息	180 元	自療—馬悅凌教你管好自己的健康	250 元
居家急救百科（平裝）	299 元	秋養生—二十四節氣養生經	220 元
冬養生—二十四節氣養生經	220 元	春養生—二十四節氣養生經	220 元
夏養生—二十四節氣養生經	220 元	遠離過敏—打造健康的居家環境	280 元
溫度決定生老病死	250 元	馬悅凌細說問診單	250 元
你的身體會說話	250 元	春夏秋冬養生—二十四節氣養生經（二版）	699 元
情緒決定你的健康—無病無痛快樂活到 100 歲	250 元	逆轉時光變身書—8 週變美變瘦變年輕的健康祕訣	280 元

今天比昨天更健康：良好生活作息的神奇力量	220元	「察顏觀色」——從頭到腳你所不知道的健康警訊	250元

● CHOICE 系列

入侵鹿耳門	280元	蒲公英與我—聽我說說畫	220元
入侵鹿耳門（新版）	199元	舊時月色（上輯＋下輯）	各180元
清塘荷韻	280元	飲食男女	200元
梅朝榮品諸葛亮	280元	老子的部落格	250元
孔子的部落格	250元	翡冷翠山居閒話	250元
大智若愚	250元	野草	250元
清塘荷韻（二版）	280元	舊時月色（二版）	280元

● FORTH 系列

印度流浪記—滌盡塵俗的心之旅	220元	胡同面孔— 古都北京的人文旅行地圖	280元
尋訪失落的香格里拉	240元	今天不飛—空姐的私旅圖	220元
紐西蘭奇異國	200元	從古都到香格里拉	399元
馬力歐帶你瘋台灣	250元	瑪杜莎艷遇鮮境	180元
絕色絲路 千年風華	250元		

●大旗藏史館

大清皇權遊戲	250元	大清后妃傳奇	250元
大清官宦沉浮	250元	大清才子命運	250元
開國大帝	220元	圖說歷史故事—先秦	250元
圖說歷史故事—秦漢魏晉南北朝	250元	圖說歷史故事—隋唐五代兩宋	250元
圖說歷史故事—元明清	250元	中華歷代戰神	220元
圖說歷史故事全集	880元（原價1000元）	人類簡史—我們這三百萬年	280元
世界十大傳奇帝王	280元	中國十大傳奇帝王	280元
歷史不忍細讀	250元	歷史不忍細讀 II	250元
中外20大傳奇帝王（全兩冊）	490元	大清皇朝密史(全四冊)	1000元
帝王秘事—你不知道的歷史真相	250元	上帝之鞭—成吉思汗、耶律大石、阿提拉的征戰帝國	280元
百年前的巨變－晚清帝國崩潰的三十二個細節	250元	說春秋之一：齊楚崛起	250元

●大都會運動館

野外求生寶典—活命的必要裝備與技能	260元	攀岩寶典—安全攀登的入門技巧與實用裝備	260元

風浪板寶典— 駕馭的駕馭的入門指南與技術提升	260 元	登山車寶典— 鐵馬騎士的駕馭技術與實用裝備	260 元
馬術寶典—騎乘要訣與馬匹照護	350 元		

●大都會休閒館

賭城大贏家—逢賭必勝祕訣大揭露	240 元	旅遊達人— 行遍天下的 109 個 Do & Don't	250 元
萬國旗之旅—輕鬆成為世界通	240 元	智慧博奕—賭城大贏家	280 元

●大都會手作館

樂活，從手作香皂開始	220 元	Home Spa & Bath — 玩美女人肌膚的水嫩體驗	250 元
愛犬的宅生活— 50 種私房手作雜貨	250 元	Candles 的異想世界—不思議の手作蠟燭魔法書	280 元
愛犬的幸福教室—四季創意手作 50 賞	280 元		

●世界風華館

環球國家地理 · 歐洲（黃金典藏版）	250 元	環球國家地理 · 亞洲 · 大洋洲 （黃金典藏版）	250 元
環球國家地理 · 非洲 · 美洲 · 兩極 （黃金典藏版）	250 元	中國國家地理 · 華北 · 華東 （黃金典藏版）	250 元
中國國家地理 · 中南 · 西南 （黃金典藏版）	250 元	中國國家地理 · 東北 · 西東 · 港澳 （黃金典藏版）	250 元
中國最美的 96 個度假天堂	250 元	非去不可的 100 個旅遊勝地 · 世界篇	250 元
非去不可的 100 個旅遊勝地 · 中國篇	250 元	環球國家地理【全集】	660 元
中國國家地理【全集】	660 元	非去不可的 100 個旅遊勝地（全二冊）	450 元
全球最美的地方—漫遊美國	250 元	全球最美的地方—驚豔歐洲	280 元
全球最美的地方—狂野非洲	280 元	世界最美的 50 個古堡	280 元

● BEST 系列

人脈＝錢脈—改變一生的人際關係經營術 （典藏精裝版）	199 元	超級記憶術—改變一生的學習方式	220 元

● STORY 系列

失聯的飛行員— 一封來自 30,000 英呎高空的信	220 元	Oh, My God! — 阿波羅的倫敦愛情故事	280 元
國家寶藏 1 —天國謎墓	199 元	國家寶藏 2 —天國謎墓 II	199 元

98-04-43-04

郵政劃撥儲金存款單

收款帳號	1	4	0	5	0	5	2	9	金額 新台幣（小寫）	億	仟萬	佰萬	拾萬	萬	仟	佰	拾	元

通訊欄（限與本次存款有關事項）

我要購買以下書籍

書名	單價	數量	合計

購書金額未滿600元，另加收60元國內掛號郵資或貨運專送運費。

總計數量及金額：共______本，合計______元

收款戶名：大都會文化事業有限公司

寄款人 □他人存款 □本戶存款

姓名	
地址	□□□-□□
電話	

主管：

經辦局收款戳

虛線內備供機器印錄用請勿填寫

◎寄款人請注意背面說明

◎本收據由電腦印錄請勿填寫

郵政劃撥儲金存款收據

收款帳號戶名

存款金額

電腦紀錄

經辦局收款戳

郵政劃撥存款收據注意事項

一、本收據請妥為保管，以便日後查考。

二、如欲查詢存款入帳詳情時，請檢附本收據及已填妥之查詢函向任一郵局辦理

三、本收據各項金額、數字係機器印製，如非機器列印或經塗改或無收款郵局收訖章者無效。

大都會文化、大旗出版社讀者請注意

一、帳號、戶名及寄款人姓名地址各欄請詳細填明，以免誤寄；抵付票據之存款，務請於交換前一天存入。

二、本存款單金額之幣別為新台幣，每筆存款至少須在新台幣十五元以上，且限填至元位為止。

三、倘金額塗改時請更換存款單重新填寫。

四、本存款單不得黏貼或附寄任何文件。

五、本存款金額業經電腦登帳後，不得申請撤回。

六、本存款單備供電腦影像處理，請以正楷工整書寫並請勿摺疊。帳戶如需自印存款單，各欄文字及規格必須與本單完全相符；如有不符，各局應婉請寄款人更換郵局印製之存款單填寫，以利處理。

七、本存款單帳號與金額欄請以阿拉伯數字書寫。

八、帳戶本人在「付款局」所在直轄市或縣(市)以外之行政區域存款，需由帳戶內扣收手續費。

如果您在存款上有任何問題，歡迎您來電洽詢
讀者服務專線：(02)2723-5216(代表線)
為您服務時間：09：00～18：00(週一至週五)

大都會文化事業有限公司　讀者服務部

交易代號：0501、0502 現金存款　0503票據存款　2212 劃撥票據託收

老闆不會告訴你的事
—有機會成為CEO的員工，這八種除外！

作　　者	張志軍
發 行 人	林敬彬
主　　編	楊安瑜
編　　輯	李彥蓉
內頁編排	于長煦
封面設計	Chris
出　　版	大都會文化事業有限公司　行政院新聞局北市業字第89號
發　　行	大都會文化事業有限公司 11051台北市信義區基隆路一段432號4樓之9 讀者服務專線：(02)27235216 讀者服務傳真：(02)27235220 電子郵件信箱：metro@ms21.hinet.net 網　　址：www.metrobook.com.tw
郵政劃撥	14050529 大都會文化事業有限公司
出版日期	2011年4月初版一刷
定　　價	220元
ISBN	978-986-6152-12-2
書　　號	Success-049

4F-9, Double Hero Bldg., 432, Keelung Rd., Sec. 1,
Taipei 11051, Taiwan
Tel:+886-2-2723-5216 Fax:+886-2-2723-5220
Web-site: www.metrobook.com.tw
E-mail:metro@ms21.hinet.net

大都會文化 METROPOLITAN CULTURE

國家圖書館出版品預行編目資料

老闆不會告訴你的事：有機會成為CEO的員工，這八種除外！／張志軍著. -- 初版. -- 臺北市：大都會文化, 2011. 04
面； 公分. --（Success ; 49）

ISBN 978-986-6152-12-2（平裝）

1.職場成功法

494.35　　99026633

大都會文化 讀者服務卡

書名：**老闆不會告訴你的事─有機會成為CEO的員工，這八種除外！**

謝謝您選擇了這本書！期待您的支持與建議，讓我們能有更多聯繫與互動的機會。

A. 您在何時購得本書：______年______月______日

B. 您在何處購得本書：____________書店，位於____________(市、縣)

C. 您從哪裡得知本書的消息：

1.□書店 2.□報章雜誌 3.□電台活動 4.□網路資訊

5.□書籤宣傳品等 6.□親友介紹 7.□書評 8.□其他

D. 您購買本書的動機：（可複選）

1.□對主題或內容感興趣 2.□工作需要 3.□生活需要

4.□自我進修 5.□內容為流行熱門話題 6.□其他

E. 您最喜歡本書的：（可複選）

1.□內容題材 2.□字體大小 3.□翻譯文筆 4.□封面 5.□編排方式 6.□其他

F. 您認為本書的封面：1.□非常出色 2.□普通 3.□毫不起眼 4.□其他

G. 您認為本書的編排：1.□非常出色 2.□普通 3.□毫不起眼 4.□其他

H. 您通常以哪些方式購書：(可複選)

1.□逛書店 2.□書展 3.□劃撥郵購 4.□團體訂購 5.□網路購書 6.□其他

I. 您希望我們出版哪類書籍：（可複選）

1.□旅遊 2.□流行文化 3.□生活休閒 4.□美容保養 5.□散文小品

6.□科學新知 7.□藝術音樂 8.□致富理財 9.□工商企管 10.□科幻推理

11.□史哲類 12.□勵志傳記 13.□電影小說 14.□語言學習（_____語）

15.□幽默諧趣 16.□其他

J. 您對本書(系)的建議：

____

K. 您對本出版社的建議：

____

讀者小檔案

姓名：______________ 性別：□男 □女 生日：____年____月____日

年齡：□20歲以下 □21～30歲 □31～40歲 □41～50歲 □51歲以上

職業：1.□學生 2.□軍公教 3.□大眾傳播 4.□服務業 5.□金融業 6.□製造業

7.□資訊業 8.□自由業 9.□家管 10.□退休 11.□其他

學歷：□國小或以下 □國中 □高中／高職 □大學／大專 □研究所以上

通訊地址：____

電話：（H）______________（O）______________ 傳真：______________

行動電話：__________________E-Mail：______________________________

◎謝謝您購買本書，也歡迎您加入我們的會員，請上大都會文化網站 www.metrobook.com.tw 登錄您的資料。您將不定期收到最新圖書優惠資訊和電子報。

老闆不會告訴你的事
—有機會成為CEO的員工，這八種除外！

北區郵政管理局
登記證北台字第9125號
免貼郵票

大都會文化事業有限公司
讀者服務部 收

11051台北市基隆路一段432號4樓之9

寄回這張服務卡〔免貼郵票〕
您可以：
◎不定期收到最新出版訊息
◎參加各項回饋優惠活動

大都會文化
METROPOLITAN CULTURE